新装版　The Cities ＝ New illustrated series

ル・コルビュジエの構想
──都市デザインと機械の表徴──

PLANNING AND CITIES
General Editor
GEORGE R. COLLINS, Columbia University

Le Corbusier: The Machine and The Grand Design by Norma Evenson
Copyright © 1969 by George Braziller, Inc.
Published 1984 in Japan by Inoue Shoin, Inc.
Japanese translation rights arranged with George Braziller, Inc., New York through Tuttle-Mori Agency, Inc., Tokyo

監修者 まえがき

都市と都市計画にかかわる本シリーズの目的は，さまざまな歴史的な時代と文化的な地域で，都市がどのように形成され，あるいは理論上考えられたかについて，現代の都市問題に関心のある人々に少しでも知ってもらうことである。
傍を通りすぎていく過去ほど私たちの関心を引くものはない。1900年ころから多くの建築家が近代都市の独特のイメージを創り出してきた。そして，それは都市環境についての人々の考えに大きな影響を与えてきたのである。
近代の指導的立場にある建築家の中で，私たちが都市計画と最も鮮やかに結びつけて考えるのは，ル・コルビュジエである。プランナーとしての教育を受けたわけではないにもかかわらず，ル・コルジュジエは他のどの建築家よりも都市デザインの重要性を若い世代に植え付けた。
簡潔な合理主義と叙情的な文体の組合せによって，彼の視覚的な計画は，多くの人々に説得力をもった。それは，教養あふれる当代の理論家から発展途上国の道端にたむろする人々にまで及んでいる。メトロポリスとしてのニュータウン研究ではすでに古典となっている「シャンディガール」の著者ノーマ・エヴァンソンは，プランナーとしてのル・コルビュジエの伝記の執筆を果敢に試みている。
彼の計画案は人口に膾炙しているが，私たちの知る限り，彼の地域および都市概念がどこに由来し，どのように発展してきたかについて本になるほどの考察を加えたのは，今日では彼自身による著作だけだったように思われる。
異なった時代と地域に及ぶこのシリーズに，ル・コルビュジエのような人物についてのイラスト入りの手軽なシリーズを付け加えることによって，本書は建築からみた都市計画や総合的都市史についての百科事典的な研究書に対して補遺の役目を担うことになろう。

ジョージ・R・コリンズ

目　次

現代都市 ──────────── 7
300万人のための現代都市 ──── 14
ヴォアザン計画 ─────────── 20
輝く都市 ──────────── 37
主題の変奏 ─────────── 47
シャンディガール ──────── 80
ル・コルビュジエの構想 ──── 107
補　遺 ────────────── 115

原　注 ──────────────── 120
ル・コルビュジエの都市デザイン年表 ── 133
主要参考文献 ──────────── 135
図版出典リスト ────────── 139
訳者あとがき ──────────── 140
索　引 ──────────────── 145

現代都市

* サロン・ドートンヌ展覧会の運営にあたっていたマルセル・タンポラルをさす(『ル・コルビュジエの生涯―建築とその神話』住野天平訳,彰国社,1981年,p.156cf)。
1　巻末原注を参照のこと(以下同様)

ル・コルビュジエによると,1922年,パリで開催されたサロン・ドートンヌ展に都市計画の出品を依頼された折,彼が「都市計画とは?」と,その分科会の責任者*に尋ねると,次のような答が返ってきたと述懐している。「そうですね。都市計画は店舗,店舗サイン等々に関する一種の街路術でしょう。それは,住宅の斜路のガラスの手摺のような物まで含みます」。これにこたえて,「なるほど。それではあなたのためにモニュメンタルな噴水池をつくり,その背後に『300万人のための都市』[1]を計画することにしましょう」と述べたという。
その出品作は「300万人のための現代都市」と名付けられ,100m²もある模型も含んでいたが,ル・コルビュジエの言葉を借りれば,「ある種の茫然自失をもって迎えられ,その驚きからある人々は怒り,ある人々は熱狂した」[2]という受け入れ様であった。
厳格な幾何学プランの中に,同型の建築を並べたて膨大なオープン・スペースをとり,高速自動車システムを採用した計画が挿入されていたので,その提案された都市は,ある人々には,大胆に新世界を描く傍若無人で高圧的なビジョンに見えたし,ある人々には,堅苦しくて誇大妄想的なスケールを持ち,慣れ親しんだ都市の周辺環境を否定するもののように見えたのである。
計画案の目的は,都市形態の問題に関する一般的な解決策を見いだすことにあった。ル・コルビュジエは「私の目的は現状を克服するのではなく理論的に完璧な一定則(フォーミュラ)をうちたて,現代都市計画の基本原理にまで高めることである」[3]と主張している。これらの原理が一度正しく構築されるや,いかなる都市にも適応できるようになる。
建築家としてル・コルビュジエはすでにこのとき近代建築運動の指導者の一人となっていたが,彼の都市計画へのアプローチの方法は都市デザイナーのそれであった。建築分野において,彼は住居の問題に対する標準化された解決策を見つけようと努めたが,それは工業化によって標準化され,ほぼ完成された「定型(タイプ)としてのオブジェ」が生産されたように,住居についても,適切な定式化を行えば標準化され普遍的に応用できる「定型(タイプ)としての住宅」をつくり出せると考えたからであった。ル・コルビュジエの「住宅は住むための機械である」というあまりにも有名な言葉は,このことを前提としていたのであり,さらにこの言葉は住宅は機械と同様の論理操作(ロジック)に従って機能するように設計されるべき

であると主張しているのだ。300万人のための現代都市は，この考え方を都市についても適用し，標準化された都市をつくり上げようとしたものであった。

ル・コルビュジエはその生涯のほとんどを通じて公的計画機関に対してはアウトサイダーであった。彼は官庁の計画の職務にはつかず，しばしば当局と争いごとを起こした。都市デザインにおけるル・コルビュジエの影響は，それゆえ，大部分間接的で，自然に生じたものであり，彼自身の独創力によって支えられていた。彼は生涯のほとんどにわたって建設計画委員会から無視されたが，私たちに最も支配的な都市イメージを侵透させることに一石を投じ，確立したとして面目をほどこしていると言えるかもしれない。つまり，その環境概念は良くも悪くも，いまだに現代デザインに影響を与え続けている。

表向きには，300万人の都市は伝統主義者たちをかなり徹底して排斥したように思えるが，この計画は多くの都市デザインを支配する概念を統合したものであり，また，既存の都市理論の方向性をとり入れたものであった。

ル・コルビュジエも他の人たちと同様に現代都市は解決するべき問題を抱えていると考えていた。彼は次のように言明する。「街は道具(トゥール)である。しかし，街はもはやその機能を果たしていない。街は，肉体に疲労感を与え，精神を妨害するだけで役立たずになってしまった。街のいたるところに見られる秩序の欠如は，私たちにとって不快なものである。街の堕落は，私たちの自尊心を傷つけ，品位を落としめるものである。街はこの時代にふさわしくないし，また，もはや私たちにふさわしいものでもない」[4]。

産業革命の変革が起こったほぼ一世紀にわたって，都市環境について同様のコメントが述べられてきた。19世紀以来，西欧の都市は，これまでに例のない無秩序な拡張に支配されてきた。都市人口の増加に伴って，土地利用は高度化し，周辺地域にはスプロール化が起こった。一方，企業は騒音と公害を発生させ，都心の過密なスラムによる衰退と相まってきわめて劣悪な環境がつくられたのである。ほとんどの地方自治体は新たに生じた都市問題に対応できる行政組織も技術も持ち合わせていなかった。そして計画上の努力は，その課題の大きさから考えると大部分が断片的に終始し役に立たないものであった。

1853年初頭，パリは大規模な再開発を行った最初の大都市となった。ナポレオン3世によって，事実上，独裁的権力を認められた知事のジョルジュ・ユージェヌ・オースマン男爵は広範な改造を指揮することができた。彼の最も際立った業績は，大規模な破壊と再建を通じて新しい大通りをつくり，広い街路システムを都市に持ち込んだことである。オースマンの計画は近代都市において総合的な成果を上げるにはいかに大規模な改造が必要かを示したのであり，またパリは他の多くの町村に対して街の美化と技術的な改善のモデルになったのである。しかしパリ改造は表面的には成功したものの，主要な都市問題はその根

があまりに深く，またあまりに複雑なため，基盤施設や交通の改善と都市美化によっては解決できないのは明らかであった。

急激に拡大する都市の慢性化した問題は，生活環境の連続的な悪化にあるように思われた。貧乏な人々は，ますます密集し，つめすぎたテネメントに住むことを運命づけられていた。またイギリスの生物学者であり，社会学者であるパトリック・ゲネス（1854～1932）は，たとえ繁栄している地区でも，建物が密集した結果，上流の住宅街ですら，まったくの「スーパースラム」ではないかと決めつける結果となった。近代都市が異常なまでに大きくなり，周辺の農村地域へ手軽に行けなくなって，都市の中に自然という要素をとり込みたいという欲望はますます強くなった。新鮮な空気や，太陽光による衛生学および美学上の価値意識が高まり，建築密度を低く抑えようとする努力がされた。鉄道交通が発達したこともあり，都心の居住条件の悪化によって，多くの人々が郊外に健康的な居住地を求めることになった。このため，都心は拡大し，また，交通システムの負担はさらに増えることになった。

投機，絶え間ない人口増加の圧力のために急騰した都市の土地価格によって，中心の大都市では，永久的に人間的な環境を手に入れることが不可能になるという考えも現れた。19世紀末から20世紀初頭にかけてのエベネザー・ハワード（1850～1928）による英国の田園都市運動は，この都市人口の増加を自足的なニュータウンをつくるという体系的な分散計画によってしのごうとしたものである。そのニュータウンでは，土地は共有であり，人口は制限され，さらに，緑地帯を取り入れたことで物理的大きさには限度があった。田園都市計画は，理論上，特別な都市形態を前提としてはいなかったが，その運動は，低密度で，本質的にはピクチャレスクなデザインと結びつくことになった。

工業都市には，幾多のおそろしいイメージがつきまとったため，田園都市支持者たちが，小都市という理想を創り出したのは理解できる対応であるにしても，20世紀が進むにつれて，このイメージのために新都市の形態やスケールに対して，ロマンチックさだけで迎合する者が現れた。建築における近代運動は，近代都市の生活状況を熱狂的に受容し，近代の精神に似合う形態をもつ建築を可能にしようと目論み，進んだ技術すべてを具体的に採用しようとした。過去への憧れを拒んで，近代運動の理論家たちは，工業都市化社会に完璧に適応した近代人という新しい神話に熱中した。建築家ヘンリー・ヴァン・デ・ヴェルデ（1863—1957）は，人間を「近代的」と「前近代的」とに分類した。「前近代的人間」は，ロマンチックな幻想を探し求め，そして，無意味な思考パターンに耽る生物であるという特徴がある。一方，「近代的人間」は，機械発明時代の産物として活動する。現実的で合理的な「近代的人間」は，「食べ，眠り，働き，そして邪魔な障害を取り除き，上手に楽しむのである」[5]。

近代社会は，もともと都市を中心としたものであると考えて，建築家たちは，新しく，総合的な秩序をもった都市環境という観点から建築を考えるようになった。市民のための総合的環境デザインに対する関心は，1904年に発表されたフランスの建築家トニー・ガルニエ（1869—1948）の計画案に見られる[6]。彼が「工業都市」と名付けたこの計画は，機能的にゾーニングされた敷地に想像上のコミュニティを配して，彼のコンセプトを余す所なく表現したものであった。建築デザイン上は，コンクリートへの依存度が強く，1920年代のインターナショナル・スタイルをどこか予期させる萌芽が見られ，単純で，幾何学的であり，明快な形態表現を特徴としていた。

ル・コルビュジエは，「この計画では，秩序の恩恵に浴すことができる。秩序が支配する所に，安寧がもたらされる」[7]と言ってガルニエの計画を賞賛していた。またガルニエが住居地域内にオープン・スペースをとったことを誉めながらこう指摘した。「垣根もフェンスも必要なくなる。こうして，街は通りと無関係にどの方向にも通り抜けが可能になり，歩行者には通りが不要になり，街はあたかも大きな公園であるかのようになるだろう」[8]。

ガルニエの都市についてのこの考え方は，19世紀における，モデル労働者コミュニティに見られる人道主義的関心と，高まりつつあった衛生的で心地良く美的な都市デザインの基準をつくろうという動きと結びついていたのかも知れない。彼の計画では，近代社会の実体が都市美の尺度と必ずしも矛盾するわけではないことが強調されている。

近代都市を肯定する，断固とした感情的ともいえる叙情的な主張が，ほどなくイタリア未来派の文章に現れた。彼らは工業主義と巨大なメトロポリスの形態から引き出された詩的なイメージによって近代主義を崇拝し賞賛した。未来派たちはまっ先に自動車を賛美し，「偉大な機械化された個人の時代がすでに始まった。そして残りはすべて古生物学である」[9]と主張した。さらに「われわれは，近代都市を広大で騒々しい造船所のように，活動的で機動性に富み，至るところでダイナミックなものにし，そして近代建築を巨大な機械として新生させ，再建しなければならないのだ」[10]と続けた。

都市環境に対する未来派の構想は，1914年，建築家アントニオ・サンテリア（1888〜1916）により展示された空想的計画に具現化された。ミラノの新駅舎の競技設計のために描かれた展示図面によって，高層建築の中に，機械化された交通の精巧な多層交通システムの役割を担わせ，鉄道と道路交通を空港ターミナルと結びつける複合施設としての駅を取り込み，想像上の新しい大都市の一部を垣間見せた。この計画は，建築家の作品に対して視覚的な優位を占めつつあったと思われる橋，陸橋，高速道路といった土木工学的な仕事が強調されているという特徴があった。

ル・コルビュジエの300万人のための現代都市は，緑とオープン・スペースを強調する田園都市の性格をもつとともに，部分的には，未来派的概念であるスピード，動き，機械化を融合したものといえる。ル・コルビュジエは，この計画を説明して次のように言明した。「われわれの従うべき基本的原則は，(1) 都市の中心部の混雑を除去すること。(2) 都市の密度を高めること。(3) 動き回るための手段を増やすこと。(4) 公園やオープン・スペースを増やすこと[11]である」。

彼の計画によれば，ものごとはおそらく両立できるのであった。つまり都市への人口の集中を抑えるという犠牲を払わずに，低密度居住における戸外生活の利点をも享受できるというわけである。さらに，人々は，自分の環境の詩的な美しさを断念しないでも秩序，効率，機械化を掌中にできるのだ。

多くの近代運動の実践家と同様に，ル・コルビュジエは，ロマンチックな合理主義とでも呼べるものに執着した。彼は計画に際してこう主張している。「私は理性という確かな道理だけを信頼する。そして過去のロマンチシズムを吸収することで，私の愛するこの時代のロマンチシズムに身を捧げられると感じている」[12]。ル・コルビュジエの計画は，自然的要素も混じってはいたが，幾何学的構成が支配的であった。彼にとって，都市という詩は，人間の活動が持つ力と人間の知性の秩序への意志を表徴化することであった。

環境を理解する人間の能力を完璧に表出するものとして都市をとらえ，ル・コルビュジエは勝ち誇ったようにこう述べた。「都市！　それは人間による自然の掌握である。それは，自然に向けられた人間的な活動であり，人間が自分を守り，仕事をするための組織体なのである。それは一つの創造である。詩も，人間の行為であり，知覚された形象のあいだの調和関係を表しているのである。自然の中に見いだされる詩は，実はわれわれ自身の精神がつくり出したものにほかならない。都市は，われわれの精神を活動させる力強い形象である。都市は，今日においてさえ，詩の源泉であるはずである」[13]。

物理的(フィジカル)デザインという観点からすれば，ル・コルビュジエに顕著にみられる好みは古典様式であった。近代主義運動の一部の建築家は，好んで過去と離縁したことを強調したが，ル・コルビュジエはスケールやプロポーションという確かな，伝統的な価値を近代的形態の中に表出させることを好んだ。彼はアクロポリスのドラマ（図1）を，そして古代ローマの荘厳さ（図2）を，叙情的に，また知覚に訴えながら描いた。また，ルネサンスの伝統のオーダーの原理を不朽のものとした人々について，尊敬の念をこめて描写している。彼はイスタンブールの町を愛した。その町の静寂さを認め，多くのドームの中に，「安らかな形態が醸し出す上品なメロディー」[14]（図4）を感じとった。そしてまた，町の中に，緑が豊富なことも賞賛した。

彼は中世の不規則な輪郭や垂直性を不調和だと考えて，次のような不満を述べた。「都市は，乱れた線によってわれわれを圧倒し，スカイラインはでこぼこになって破壊されている。われわれは，いったいどこに心の安寧を求めればよいのか」。ル・コルビュジエにとっては，「野蛮な状態と古典的な状態」[15]のどちらかの選択しかなかったのである。

高層建築に対する彼の擁護にもかかわらず，ル・コルビュジエは，ニューヨークの不ぞろいのスカイラインが「混乱，混沌，そして激変」という傷ついた状態を表したものだと理解した。「美がまったく異質なものと結びついてしまっている。美は，本来，秩序を基盤とするものだ」[16]。

ル・コルビュジエが，1920年代の著書の中で幾何学的秩序を強調したのは，カミロ・ジッテ（1843～1903）という論客に刺激をうけて都市デザインの中にかなり浸透していたピクチャレスク美学に対する反動であると一部には考えられている。そのウィーン人，カミロ・ジッテは，アーバン・デザインの美学的考察を含む「都市計画」という本を出版していた。この本は，市民芸術に関する広範囲に及ぶ歴史上のさまざまな例をイラストで示しながら，19世紀の多くの計画にみられる機械学的アプローチ，スケールに対する無神経さを非難していた。ジッテはピクチャレスクデザインに，もっぱら関心をもっていたのではなかったが，非対称な空間の囲い，遮られたヴィスタ，そしてさらに親しみのある一群の特徴を有する多くの中世都市に対する彼の分析は，非幾何学的構成を論理的に正当化したので，ジッテをロマンチックな中世主義者とみなした人々もいた。

ジッテのフランス語版の本は影響力を及ぼしたが，ピクチャレスクデザインについて大変誤解を招く記述があった。ル・コルビュジエは自説を確固たるものにするために，ジッテを批判する材料としてこれを使ったのである[17]。彼は次のように記している。「ウィーン人，カミロ・ジッテの著作を読んで，私は知らず知らず都市美に誘われていた。ジッテの証明は巧みで，その理論は正しいように思われた。それらは過去にもとづいていた。実をいえば，それらは過去の所産であった。それも，小さい過去，感傷的な過去，道端の取るにたらぬ小さい花であった。その過去は，絶頂期の過去ではなく，妥協の過去であった」[18]。そして彼は，次のように断罪した。「ジッテの著作は独断に充ちている。曲線の賛美とその比類のない美しさについてのもっともらしい証明。その証明は，美しい中世都市すべてを例にあげてなされる。著者は，絵画的な効果と都市の存在に不可欠な規則を混同しているのだ」[19]。一種の反動かもしれないが，ル・コルビュジエは直線と直角を賛美しはじめた。「繰り返すが，人間はその本性から秩序を行使し，人間の行動と思考は，直線と直角によって支配される。そして人間は，直線を本能的に理解し，高尚な客体として捉えるのである」[20]「直角が支

配するとき，文化が絶頂期であることがわかる。そして，都市は無秩序な街路の堆積から脱して直線に向かい，可能な限りこの形をとろうとするのである。直線を引き始めるとき，人間は自己を取り戻したこと，秩序化されたことに気づく。文化は，精神の直角な状態である。直線は，つくろうとしてつくり出せるものではない。それは，人間が直線をたどっていきたいと願うほど精神が啓かれ，しかも，それができるほど十分に強く，決意に満ち，用意が整って初めて生まれるのである」[21]。

ル・コルビュジエは，多くのヨーロッパ都市が「ろばの道」によってつくられた曲がりくねった街路をもち，その結果，混乱した偶発的パターンの増殖を招いたことを歴史的に調査した。それに対して，「人間は，目的をもつゆえ真直ぐ進む。人間は，行く先を知っている」。ル・コルビュジエにとって，過去の非幾何学的デザインを促進させた理由が何であれ，「現代の都市は，必然的に直線によって成立する。建物，下水道，高速道路，歩道等の建設，すべてそうである。交通の循環は直線を必要とする。都心では直線が適切である。曲線は，破壊的で，危険であり，物事を麻痺させる。直線は，人間の歴史，人間の意志，人間的行為のすべてに入りこんでいる」[22]。

ル・コルビュジエにとって，幾何学は，ルネサンス時代の理論家にとってそうだったように，美学の問題以上のものであり，自然の秩序の反映であった。「幾何学は，周囲を知覚し，自己を表現するためにわれわれが造り出した手段である。幾何学は基礎である。それはまた，完全性，神性を意味する象徴性をもたせるための物質的な基礎となる」[23]。彼はこうしてアカデミックなデザイン理論を取り入れて作品を作り続け，大方の近代建築家と同様に，アカデミズムの人々との関係を断った。そして古典主義の精神とスケールを把握していると思われる人と，単にその形式を繰り返しているにすぎない人とを峻別した（図3）。

彼は，しばしばパリのアカデミックな古典主義を嘲笑したが，ルネサンスやバロック時代の作品には限りない賞賛の念を抱いていた。彼は，これらの作品を「壮大な試み，野蛮な混乱の中の光の輝き」[24]とみたのである。ルイ13世時代に建設されたヴォージュ広場，ルイ15世時代のシャン・ド・マルス練兵場や，ナポレオン時代のエトワール広場やパリに通じる主要道路がこうした賞賛の対象であった。しかし，彼が特に重要視したのは，ヴァンドーム広場，廃兵院，そしてバロックの偉大な宮殿都市であるヴェルサイユを含む野心的な計画を実施した大君主ルイ14世であった。これらの計画は支配者の確固とした権力の証しであった。著書の中でル・コルビュジエは次のように述べるのだった。「私は一人の偉大なる都市計画家に敬意を表そう。この専制君主は膨大な構想をたて，それを実現した。今でも彼の堂々たる業績は，国全体を賛辞で満たしている。彼は，『われわれは望む。これがわれわれの喜びだ』[25]いうことができた」。同様な

伝統の上にたった「ナポレオン3世下のオースマンの業績も君主が国民に残しえた壮大な遺産である」[26]とル・コルビュジエは考えた。
そしてル・コルビュジエは，過去の偉大な公共事業を可能にした大胆な精神を失って臆病になってしまった彼自身の時代の政府当局に対して苦言を呈し続けた。過去への崇拝とは，形態の単なる模倣やその影響力を維持することではなく，広範な活動と秩序のある成果という伝統の本質を把握することなのである。言うまでもなく，自分の都市計画が，この伝統の完璧な具現化であると彼は考えたのだった。

300万人のための現代都市

ル・コルビュジエが提示した300万人のための都市のプランは，センターに集まる2つの主要道路が十字に交差し，長方形を構成していた（図5－6,8）。そのプランの幾何学的アウトラインは，都市デザインの最も古い伝統の一つに基づいていた。十字形というのは，人類が空間を把握するときの，たぶん最も古くからある，直観的な表現方法であろう。そして最古の都市の表徴は，円の中に十字を描いたエジプトの象形文字であると考えられている。ル・コルビュジエのこの計画は，軍隊の野営のためのローマの伝統的プランの要素を含んでいた。そして，また，古代インドの町の儀式に使われるパターンともよく類似している。ローマの都市では，主要街路の交差点は広場を示し，インドでは年長者の縁起のよい集会所や最高位のカーストの住区を示した。300万人のための都市では，中心部は商業地域となっており，「それは，都市の中枢と国全体の頭脳を擁する24の同形の十字型をした摩天楼の集合である（図7,9）。それらは，一般活動の基礎となるあらゆる注意深い計画と組織化を表している。すべては，それらの中に集中している。時間と空間の必要性をなくしてしまうための装置，電話，電報，電信，また銀行業務や事務業務，産業のコントロール，つまり，財務，商業，専門分野等々である」[27]。

業務地区の左側には，市民文化センターがあり，その向うには直線的ではあるが，絵画的にランドスケープされた公園が広がっている（図9）。主要街路のネットワークは，シティ・センターの交差軸のほかに，大スケールのグリッド，そして地区道路に連絡するための対角線パターンという構成である。一方，小さなグリッドは，シティ・センターを取り囲む居住スーパーブロックを形成している。住居地域内では，共同住宅は2つの形状をもっている。一つはスーパーブロックの外周部を形成し，一つは緑地地域の中でセットバックし，凸状の独立したパターンに従っている（図10）。工業地域は都市の外側にあり，都市とは緑地帯によって分離されている。

〈300万人のための都市〉のデザイン表現の中で，ル・コルビュジエは，センタ

一地域の描写に心血を注いだ。一方，都市の全体計画は，中心地区をとりまく緑地帯の外側に「田園都市」のシステムを組み入れていたが，これは誤って解釈されていた。田園都市は，もともと住居と職場の両方をもつ自己充足的コミュニティの考えに基づいているが，その都市は理論上，外郭都市には見られない，ある種のサービスを供給する大中心都市をもつ衛星都市のシステムに発展し得るのである。しかも300万人のための都市は，エベネザー・ハワードが定義した意味では，本当の衛星都市システムではない。なぜなら，この田園都市は，都心および工業地域で働く人々のための郊外ベッドタウンの役割を果しているだけであり，この計画が対称としている300万人のうち200万人以上が田園都市に住むことになるからである（ル・コルビュジエは『田園都市』という言葉をかなり曖昧に使う傾向があり，実際は郊外居住地のことをしばしば誤ってそう呼んでいたことは注意しておく必要がある）[28]。

多かれ少なかれ，ル・コルビュジエは，郊外の独立住宅という理想には共感を寄せなかった。そのような住宅をつくることは，道路や都市基盤の無駄であり，都市のスプロール化を促進し，土地利用密度が低くなり，住民がもともと求めていた郊外生活の利点，農村の平和な環境を失うことになると指摘したのである。ル・コルビュジエは，彼の著作の中で，小さな敷地に個人住宅が建ってできる土地利用パターンと自ら推奨する建設パターンを頻繁に対比している。これにより生じる有利な点を彼は飽くことなく力説したが，それによって，流通とかサービスの経済性を高め，大公園，スポーツ施設を生み，個々の居住ユニットにはプライバシーや展望が確保されたのである。

ル・コルビュジエが，住宅の郊外化に反対したのと同様に，田園都市の考え方に反対した一つの理由は，それによって，彼が都市計画の中で最重要だとみなしていた課題，つまり，都心を修復し，新たに活性化するという課題から人々の注意がそらされてしまうと自覚していたからである。徹底した都市更新がないかぎり，その外側の地域を改善する努力は無駄になると考えたのだ。

人口の観点から見ると，都心には主として行政のエリートと知識エリートが住むべきであるとル・コルビュジエは夢想した。「権力の座（広義にとると，事務，工業，経済，政治の長，そして科学，教育，思想の師，また人間の魂の代弁者である美術家，詩人，音楽家，等々）としての都市は，あらゆる欲望を吸いよせ，あらゆるお伽の国の眩いばかりの蜃気楼で身を装う。人々が都市に集まる。権力者，リーダーは都市のセンターに座を占める。……とすれば居住者を3種類の人口に分類できる。都市居住者，都心と田園都市にそれぞれ半分に生活する勤労者，一日を近郊の工場と田園都市で過ごす労働者群の3つに」[29]。

都心部は，主要な2つの建築タイプに単純化され，建築要素を構成している。一つは，中心部に配置され，鋸状のガラスの壁で覆われ，十字形をした60階建の

摩天楼であり，都市の事務活動や行政機構を収容している。そしてもう一つは，都心部を取り囲むように配置された12階建の共同住宅である（図10）。

都市デザインは，すべて建築的統一性をもっていると論ずるアベ・ロージェの主唱する「細部の一様性」[30]の原理を引用し，ル・コルビュジエは単調さという非難から，自分の計画を守ろうと目論んだ。「あらゆる国々では19世紀に混乱するまで，人間の家は同じ性質をもつ容器であった。……すべてに普遍性のある規範があり，細部に完全な一様性があった。そこに精神の至福がもたらされる」[31]。

ル・コルビュジエは用途混合地域は望ましくないと考え，次のように措定する。「家庭生活は，都心から必ず消滅するだろう。目下のところ，摩天楼には家庭生活が入り込む余地はないようにみえる。摩天楼の内部構成は，事務活動でなければ負担できないような費用のかかる非常に精巧なシステムになっているからだ」[32]。

共同住宅では２つのタイプが展開された（図11）。一つは，大きな中央公園を取り囲むようにスーパーブロックの外周部に配置され，中流程度の家賃の住居を提供した。一方，他の一つは高級アパートとして計画され，空中庭園をもつ連続スラブから成り，そして街路グリッド上にのらずにセットバックの線形パターンを形成した。

ル・コルビュジエが「自由保有メゾネット」と呼ぶ共同住宅ユニットは1922年にサロン・ドートンヌ展[33]に出品された「シトロアン住居」という名称をもつ，定型化され，標準化された住居と関連性がある。それぞれのアパートは，２階建のユニットから成り，二層分の天井高をもつ居間，屋根のあるテラスをもっている（図13―14）。ル・コルビュジエは，自由保有メゾネット（イムーブル・ヴィラ）を大都市に新しい住居形式を提案するものであると認めていた。「各住戸は，実際には庭付きの小住宅であり，ただ道路からいろいろな高さにあるだけである」[34]（図12，15）。

家庭のニーズは時間とともに変化するが，家庭はいくらか融通性のあるユニットであると考えて，ル・コルビュジエは本来遊牧民が，ほとんど家財道具を持たないのと同様に，現代都市の居住者はもっと多くの造付けの設備が必要になるだろうと予言した。住居ユニットの概念を描写しながら，建築家ル・コルビュジエは次のように述べた。「われわれの研究においては完全に人間的な『住居（セル）』，つまり，生理的・感情的な要求に完璧に対応する住居を決して見失ってはならない。実際的で十分に感情に訴えかけ，そして住み手が入れ替わっても対応できるようにデザインされた住居機械（ハウス・マシーン）に到達しなければならない。『古い家（オールド・ホーム）』の概念が消失し，それに根ざした地方建築もなくなる。なぜなら，必要に応じて仕事場が移動し，そしてまた家財いっさいを取りまとめて移動する

用意ができているにちがいないからだ」[35]。

ル・コルビュジエは，多くの家事の煩雑さから個人を開放し，召使いの消滅を予見し，それぞれのアパート内で食事の用意や家事サービスが完全にできるものとして，彼の都市を規定した。彼は自分の都市概念によって，日常生活に豊富な余暇と利便性をもたらされ，すべての住民が楽しめるようになるだろうと思っていた。しかしながら，住居地区内の余暇のための特別の設備は，ほとんど盲目的といえるほど体育施設に集中していたようだ。アパートは，テニスコートや水泳プール，サッカーコートで囲まれ，屋上は日光浴スペースやランニングトラックとなっていたが，カフェ，劇場，図書室，店舗は明らかに欠落していた。スーパーブロック地区の中では，テニスのゲームをするのは比較的容易であろうが，ワインや糸巻きを買うのは不可能なようである。

建築家の立場から見ると，プランの展開上おそらくより重要なのは，車道システムであり，これは建物に沿って延びて自動車交通を渋滞させる，彼が「廊下状街路」(コリドール・ストリート)と名付けた伝統的な都市街路をなくすことを実現した。「速度を自在にできる都市は，成功を勝ちとる都市だ」と主張して，ル・コルビュジエは建物の壁面線と歩道から自動車道路を全体的に分離することを考えた。自動車交通のスムーズな流れを確保するために，地区内の400×600mのスーパーブロックのグリッドが設けられ，200mごとに二次的な通りが走り，ブロックパターンを構成していた。アパート・ブロックへの自動車の出入りは，玄関の近くにある駐車場からである。一方，循環歩道は緑化スペースを横切り，地上部分をフリーにするために，ピロティで持ち上げられた建物の下を通っている。ル・コルビュジエが計画した都市では，建築面積は約15％であり，残りの85％はオープン・スペースとなっていた。計画人口は，1エーカー当たり120人という人口密度であった。

この都市には，高速道路に加えて，都心と田園都市を結ぶ郊外通勤者用の地下鉄が設けられた。都心部には，4つの摩天楼に囲まれた多層輸送複合施設がある（図7）。その上のレベルは，航空機の滑走路として高架プラットフォームになっていた。──同様の概念は，未来派サンテリアの新都市の計画にいち早く出現している。

都心部に舞い下りる飛行機のイメージは，ル・コルビュジエを明らかに魅了した。彼は次のような大胆な発言さえした。「摩天楼の屋上を発着場として，飛行機がそこからただちに地方や国境の彼方へ飛び立っていくのだ」「もっとも，さしあたり，センターに配置される空港は，防護ゾーンの中にある飛行タクシーの発着場としての飛行場だけに限られる。大型の国際機が都心部へ進入するほど，まだ着陸方式は完成されていない」[36]ことを認めていた。

飛行場の下は，高速の自動車交通のための中2階レベルであり，一方，低速交

通は，地上レベルを循行することになっていた。また地上レベルには，鉄道や切符売場の入口があった。地下へもぐると，最初のレベルには地下鉄があり，その下には地方鉄道，郊外鉄道がある。そしてさらにその下のレベルは，長距離列車用であった。おのおのの摩天楼には，地下鉄の駅があった。

ル・コルビュジエにとって300万人のための現代都市は，住宅や交通などの大きな都市問題を解決するばかりでなく，比類のない都市環境の美を創造するために，人造の秩序と自然の風景を統合することでもあった。そこで次のように宣言した。「都市計画の素材は，空，空間，木，鉄とコンクリートであり，そしてこの順序に，この分類の中に存在する」。彼は太陽がふり注ぐ開かれた都市を創造し，すべての無秩序を一掃した。その都市を描写してル・コルビュジエは，フリーウェイをすごいスピードで突っ走る喜び，「どこまでも空のある広大なスペース，壮大なパースペクティブ」を知覚することに熱狂した[37]。住居の均一なファサードは木々の枝が引き立つような「一種の格子や棚組を構成する」[38]。一方，摩天楼は，「総ガラスの幾何学的な大ファサードをもち，立面を覆うガラスに青さが光り，空がきらめく。迫りくる感動。巨大で輝くプリズム……。コンスタンチノープルから，あるいはおそらく北京から飛行機で来る旅行者は，川と森林の雑然とした輪郭の中に，人間の明晰な都市を示すこの明確な刻印，人間の知的活動に固有なこのマークが突然出現するのを見る。朝夕の薄明りの中で，ガラスの摩天楼は炎となって燃え上がるのだ」[39]。

しかしながら都市に対するロマンチシズムは未来派のそれといくらか似かよっている。ル・コルビュジエは，空想的概念あるいは来たるべき世界の熱狂的ヴィジョンと自分自身との距離をとるのに苦しんだ。彼は，次のように断言する。「これは，危険な未来主義，人の面前に暴力的に投げだされた一種の文学的ダイナマイトではない」[40]「私は，卑小な予言者のように，こうした未来派の楽園を描くことにまったくうんざりしている。自分が未来主義者になったように思われ，それが嬉しくない。厳しい現実の存在から離れて，機械的にこなすだけの学究ぶった著述に耽っているような気がする」[41]。彼は未来都市をデザインしたのではなく，現在の都市をデザインしたのであり，それは同時代の社会と技術に向けられていた。さらに，未来派の人々が，物理的環境の急速な荒廃を助長している機械化という概念に固執しているのに対して，ル・コルビュジエは，伝統に対する生来の感覚によって次のように主張した。「都市は自ら生きのびていかなければならない。それは計算以外の考慮に依存している。計算を超えるすべての事物を造れるのは建築だけなのだ」[42]。

あるひとつの都市イメージとして，300万人のための現代都市は夢現の間を漂っているように思われるが，おそらくそれは単なる夢としては魅力的なものであろう。この計画は，都市生活と都市機能を単純化しすぎており，都市の活力に

とって本質的な多くの要素を無視した形式的なダイヤグラムとみなす批評家もあった。ルイス・マンフォードがル・コルビュジエについて後年書きしるしているように、「彼は、都市の本性や都市に次々に生まれてくるグループ、ソサエティ、クラブ、組織、団体に注意を払わなかったが、この点では、不動産ブローカーや自治体の技師と何ら変わるところがなかった。簡単に言えば、彼は、現代都市のすべての特徴を受容していたが、最も本質的な社会的・市民的側面には目を向けなかった。……ル・コルビュジエは、高層建築の中では経済的に成立しえなかったり、一日中仕事で行きかう人々が道端で用足しをする際に初めて出くわすような、複雑に入り組んだ大小さまざまの都市活動を一掃してしまった」。

「ル・コルビュジエの摩天楼のとてつもない高さは、当時それが技術的に可能になっていたという事実を別にすれば、存在すべき理由は何もない。中心地区のオープン・スペースもまた存在理由に乏しい。平日の事務所街で彼の考えたスケールに従って歩行者が動き回る何の理由もないからである。摩天楼都市の実用的・財政的なイメージと有機的環境のロマンチックなイメージとを結びつけて、ル・コルビュジエは、不毛なハイブリッドを創りあげたのだ」[43]。

300万人のための現代都市を見た多くの人々が、それを堅苦しく非人間的スケールの環境とみなし、社会的な接触を妨げるものと考えるとすれば、その一つの理由としては、堂々とした形式性をもつル・コルビュジエの表現方法があげられる。

それは、神が鳥瞰したような大規模で視覚的な面を表現しており、小規模な機能は、都合よく無視していたのである。しかし、次のことは注目されてよい。この計画は、都心の景観的空間の中に、並木道や歩行者用道路に面した商店やカフェを含む、低層および3階建の建築物を混在させることを意図したものであった。ル・コルビュジエは、次のように指摘した。「街路は、ヒューマン・スケールによって再構成されるであろう。摩天楼都市の中に、われわれ自身の大きさにちょうど合った尺度、つまり一階建住宅をまさに復活させるのだ」。

私の計画は、一見するとある種の畏怖と嫌悪を感じさせるが、残念ながらすでに19世紀の都市に先行してあったもの、つまりわれわれの尺度の建築をもたらすのだ」。

われわれは、好んで群生する存在であるゆえ、雑踏や人混みに興味を抱く。わたしが描いた都市は、現在の大都市よりも人口密度が高く、親密な人間的接触の機会が豊富にもたらされるであろう」[44]。

このような保証の言葉にもかかわらず、300万人のための都市に示されている都市生活の概念を好ましいものと受けとる人はあまりいないようである。あるフランスの現代建築雑誌は、このような都市の仮想の居住者に同情してこう述べ

ている。「可哀想な人たち！　このすさまじいスピードとこの組織化, このおそろしいほどの均一性の真只中で彼らはどうなってしまうのだろう。……ここには, 人が永久に『標準化』を嫌い, 『無秩序』を熱望せざるをえないものがある」[45]。

ヴォアザン計画

300万人のための現代都市のスケールにショックを受けた人々に, ル・コルビュジエはまもなく, さらにそれ以上に驚くような計画を展示した。その計画は, パリの中央部の再開発に同様の原理をあてはめたものであった。自動車は, 都市を破壊しているが, 蘇生させもすると確信して, ル・コルビュジエは, いくつかの自動車会社に接触した。それは, 1925年の, パリ国際装飾芸術展の新精神館のスポンサーを得るためであった。ヴォアザンは喜んで応じ, この展示計画案が, 彼の名をとって命名されるという名誉に浴することになった。

その計画案には, 新しい商業センターや住居地区をつくるために, 破壊と再建設が提案されていた。つまり商業センターは「パリの特に老朽化し不健全な部分, すなわち, レピュブリック広場からルーヴル通りまでと, 東駅からリヴォリ通りまでの区域」に600エーカーの広さで計画された。それに対して住居地区は, ピラミッド通りからシャンゼリゼ通りにある広場までと, サン・ラザール駅からリヴォリ通りまでの範囲であった。それは, 「大部分が過密状態であり, 現在は事務所街として使用されている地域であるが, 中流住宅が建設される」[46]と, ル・コルビュジエは描写した（図16—17）。

計画の具体案としては, ヴァンセンヌからルヴァロア・ペレに至る東西軸に走る新しい自動車高速道路の建設であり, シャンゼリゼ通りから交通を引き離すことを目的としていた（図23—24）。取り壊し地域は, パリの歴史的中心地区の大部分を含んでいたが, ル・コルビュジエは, 残すべきものを選定し手をつけないでいた。「歴史の１ページであり, 芸術作品であるがゆえに注意深く保存され, 新しい公園の繁みの間に歴史的モニュメント, アーケード, 門が今でも建っているのを見つけることができる」[47]ようにと考えたのだ。「これらの過去はわれわれの精神の中で, その芳香をいくらか失ってしまった。なぜなら, 精神は近代生活への参加を強いられて, 間違った環境の中にいるからだ。私は人がいなくなって静かなコンコルド広場や, 散歩道となったシャンゼリゼ通りを夢見る」[48]と述べて, ル・コルビュジエは大量の取壊しを通じて過去のモニュメントを壊すどころか, それらをもっと穏やかで平和な環境にもどすことを主張した。

新しい計画は, 低層の建物が織りなすパリの家並の中に, 突然245mの摩天楼を浮かび上がらせ, 既存の街という織物（テクスチュア）との間に鋭く荒々しいまでの対比を生み出したが, ル・コルビュジエにとっては, 彼の計画と旧市街の間に何の不調和

もなかった(図18—22)。「パリは，すべての建築作品と同様に軸線を取り戻す。都市計画が建築に入り込み，建築が都市計画の中に挿入される。『ヴォアザン計画』をよく見れば，西と南西に，ルイ14世，ルイ15世，ナポレオンによって造られた偉大な広場が配置されているのがわかる。廃兵院，チュイルリー宮，コンコルド広場，シャン・ド・マルス練兵場，エトアール広場などである。そこには，混乱を支配し，圧倒する精神という，創造の際立った一例がある。旧市街と並置しても，新しい事務所街は異常なものには見えない。むしろ，それは同じ伝統の中にあって，正常な前進を続けるものという印象を与える」[49]。

ル・コルビュジエは，彼の提案が空想的なものではなく，実際的であり，財政的にもしっかりしていて，採算がとれるだけでなく，さらに地価を大きく上昇させることを示そうと苦心した。初期建設のための十分な資本がフランスで導入できなければ，外国からの投資が歓迎されるべきであると考えた。「パリの中心，荘大な土地と建物，国民の富と栄光を，アメリカ人に，イギリス人に，日本人に，ドイツ人に渡そうというのか？　もちろん，そうである」[50]。

ル・コルビュジエは，彼の最も過激な提案についてさえ，気弱に主張を曲げることはまずなかったが，彼もパリの歴史的中心部を完全に建てかえることが好意をもって受けいれられるだろうとは思っていなかった。そして，「ヴォアザン計画は，パリ中心部の問題に最終的な解答を与えるものではない。しかし，その議論を，時代の精神に応じた水準に引き上げるのに役立つかもしれない」[51]（図25）と認識していた。

図1 ル・コルビュジエのスケッチによるアクロポリス。
「もしアテネのアクロポリスに課せられた運命があるとすれば，ペンテリコン山（アテネ北東にある山。標高1,107m。上質の大理石を産出）とヒュメットス山（アテネの東郊にある山。標高1,026m）の間を発祥の地とし，人間の言葉の響きと人間の行動の正当化を育むことである」(輝く都市，1935)。「ギリシア人は，アクロポリスの丘に，ある一つの思想を宿したいくつかの神殿を建設した。それらは，周囲の荒涼たる風景を一つの確固たる構成にまとめていった。こうして，地平線のどこからも，思想は一つになる」(建築をめざして，1923)。

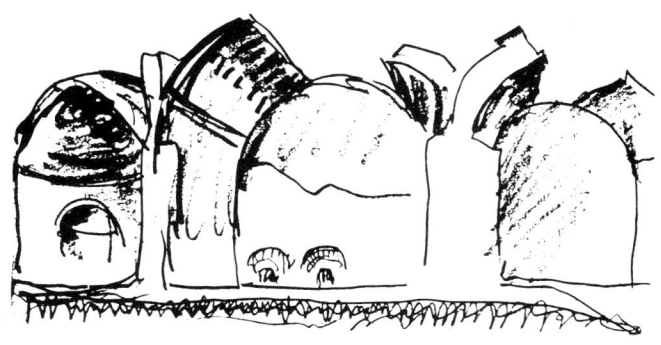

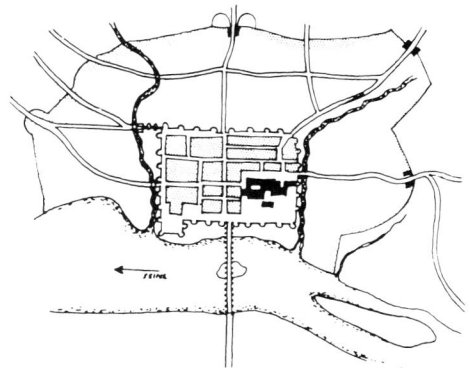

図2 ル・コルビュジエによるローマの廃墟のスケッチ
「ローマの都市は，秩序からなる都市である。規律があり，階級があり，威厳がある。ローマ軍の駐留地は，同じ特質を有していた。それは規律，階級，威厳である。……ローマ人は全体を作りあげた。建築家および都市プランナーの創造は，常に全体像であった。彼らは構想し，分類し，秩序づけた。ローマは事業を意味した。それらは明快で力強く，単純で幾何学的であった。彼らは，機械のように作動する都市を造った。つまり，生産装置となる機械を作ったのだ」

図3 ル・コルビュジエによるローマのプランを基にしたルーアンの都市のスケッチ

図4 ル・コルビュジエによるサンマルコ広場のスケッチ
「ここベニスでは，サンマルコ広場に受けつがれた時代の輝かしいダイヤモンドがちりばめられている。……これらすべての技術とさまざまな材料。しかし，次の時代の者たちも自分の冒険に信念を抱き，先人の蓄積を利用しながら，危険をおかし，ぶつかっていったのだ。……君主たちは古典主義を優雅さ，崇高な精神，時には鉄製の手袋のシンボルとした。とりわけ，優雅さは，公正，冷静さのある落ちつき，丁寧さを表し，すんなりと人間的スケールと調和している。尺度は，意志をもった偉大な力を行使することから生じた。今日では，弱者がそれらの残滓を振りまわしている。……それらの尺度は，力，意志，われわれの時代のスケールを測る尺度の代用となっている。……古典主義から生活を取り除くと，ただ形式のみが残る。つまりアカデミズムだけが」(Concerning Town Planning, 1946)。

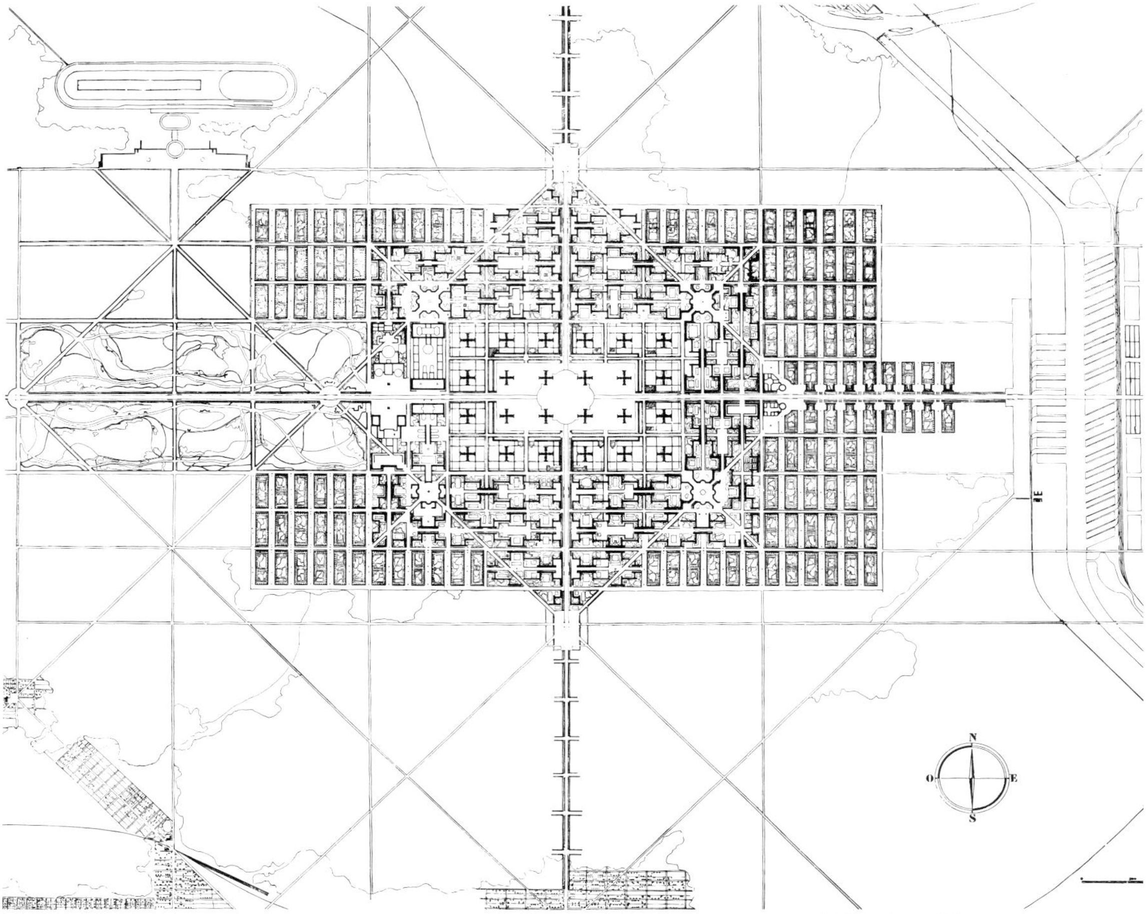

図 5 1922年のサロン・ドートンヌ展に出品されたル・コルビュジエの300万人のための現代都市のプラン。直線的な都心部は，広い緑地帯，外辺にある『田園都市(ガーデン・サバーブ)』に囲まれている。工業地域は，右側にある。シティセンターは，交通機関中枢と十字形の摩天楼が林立する商業地域によって特徴づけられ，周囲を住居スパーブロックが取り囲んでいる。

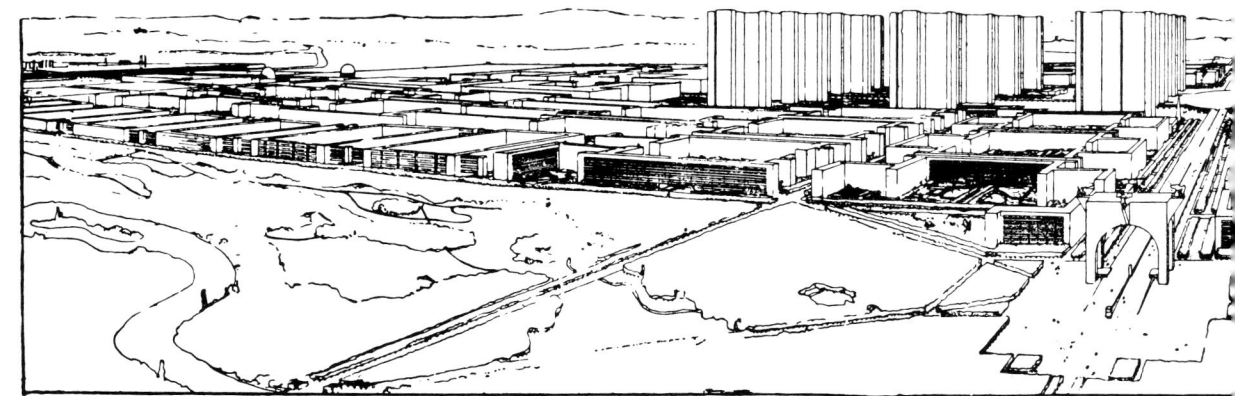

図 6 周囲の緑地帯からみた300万人のための都市

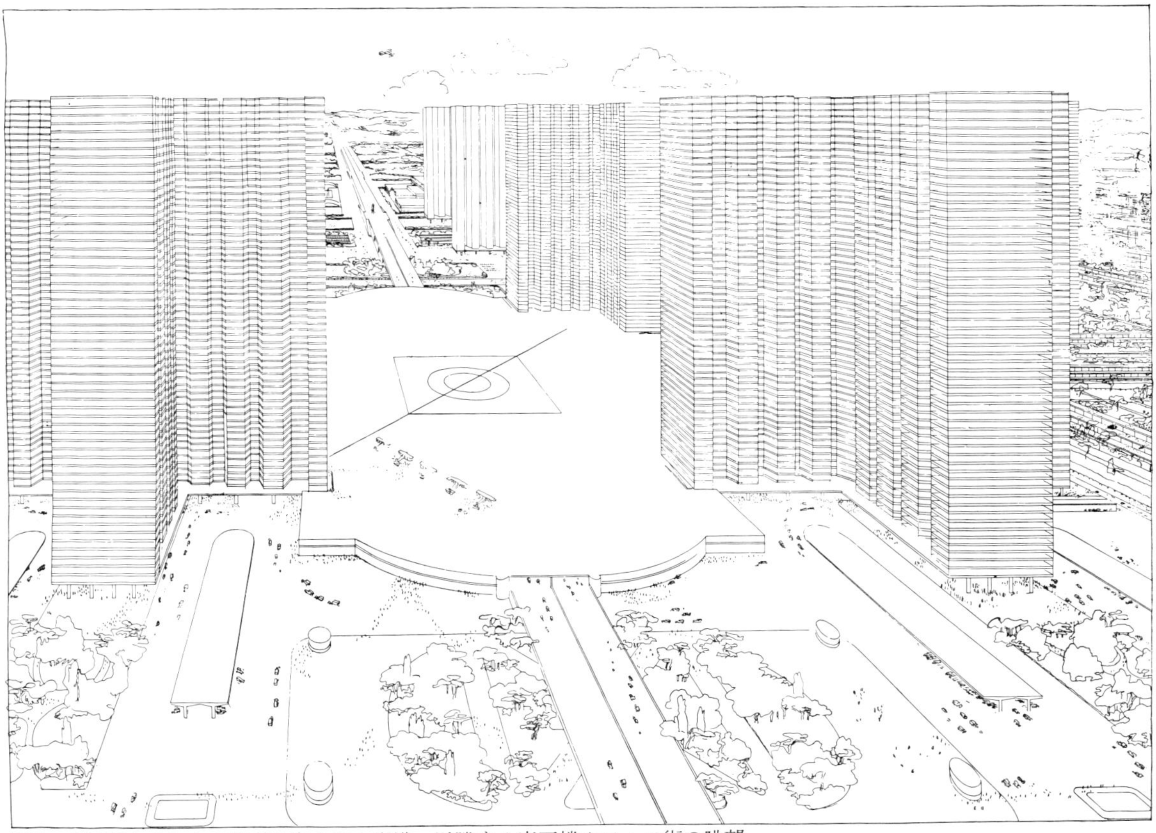

図7　300万人のための都市の中心駅と空港，近隣する摩天楼オフィス街の眺望

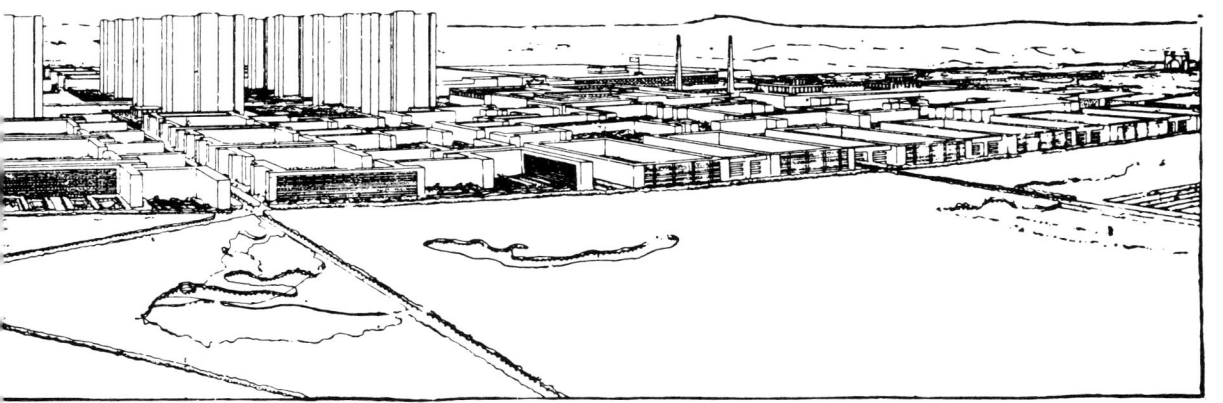

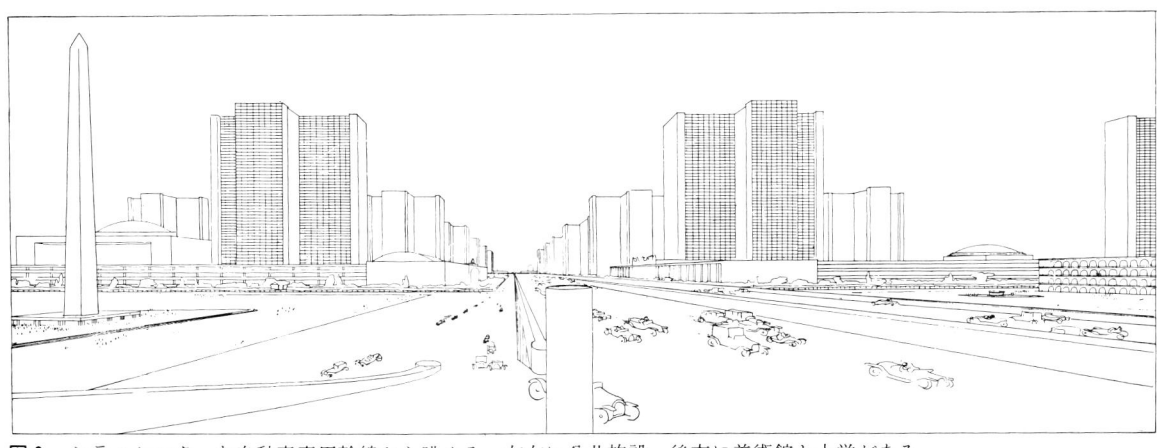

図8　シティセンターを自動車専用幹線から眺める。左右に公共施設。後方に美術館と大学がある

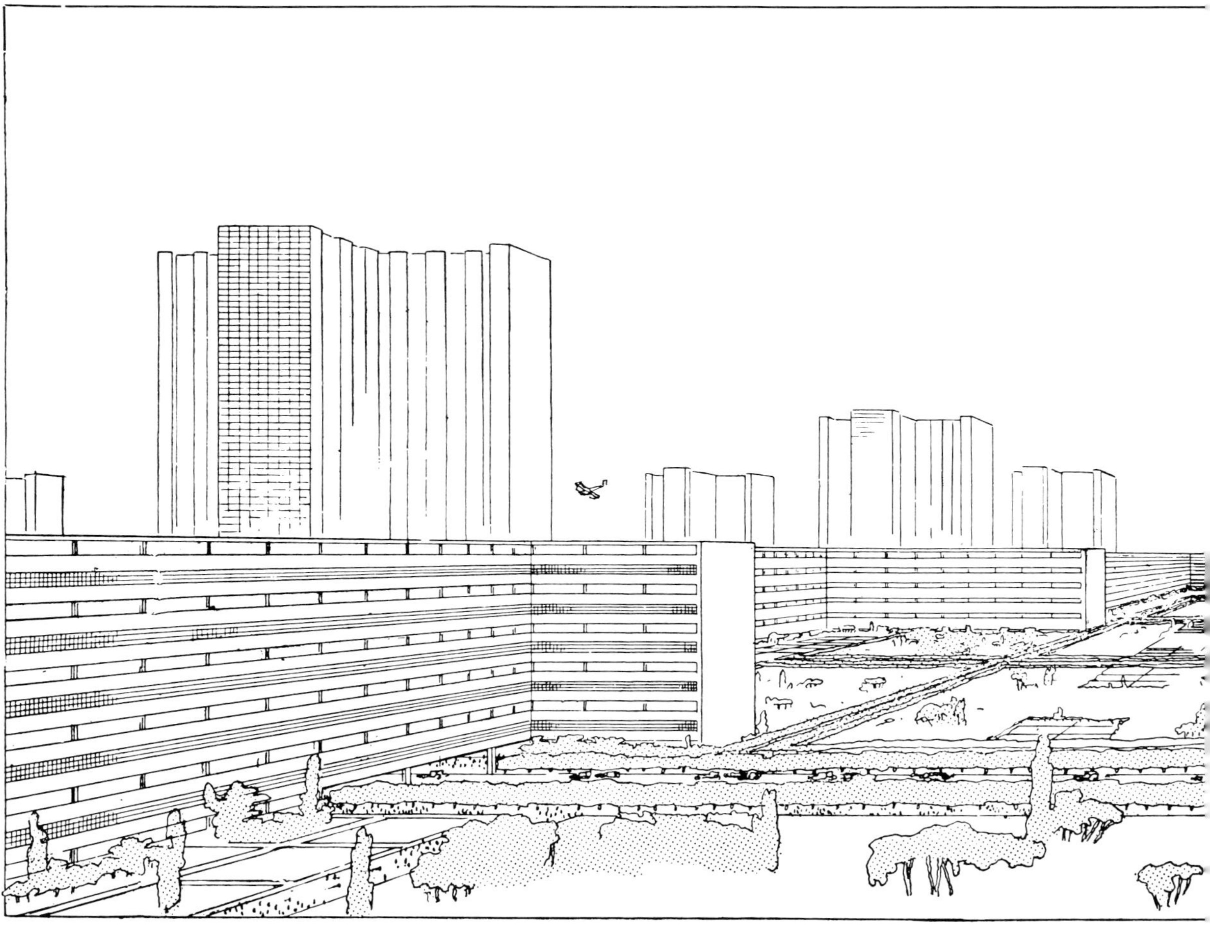

図10　都市の内部居住ゾーンの通りを横断して広がる集合住宅を示す居住スーパーブロックの眺め。ル・コルビュジエは、オープンスペースの中にある高層住居の一群をしばしば『垂直田園都市（ガーデン・シティ）』と呼んだ。

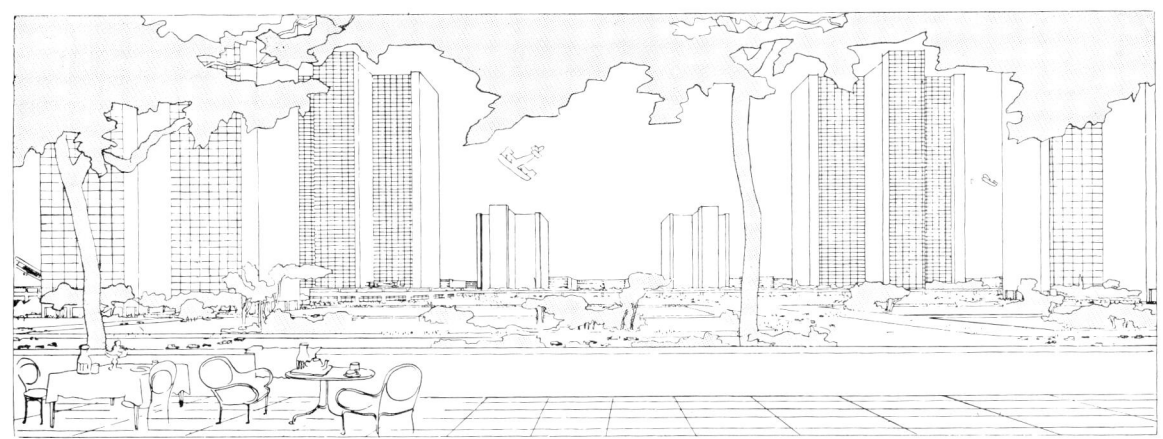

図9 駅前広場を取り巻く，段状になったカフェテラスから見たシティセンター。左側の2つの摩天楼の間に，やや高架になった駅がみえる。駅から右側のイギリス庭園へ伸びる自動車専用道路がみえる。これが都市の中心地区。密度が最も高く，交通が最も多い所だ。階段状のカフェテラスは，人通りの多い大通りに面する。劇場，公会堂等々が，摩天楼の狭間とか，木立の中にみえる」著者訳（ル・コルビュジエ全集1910—29）

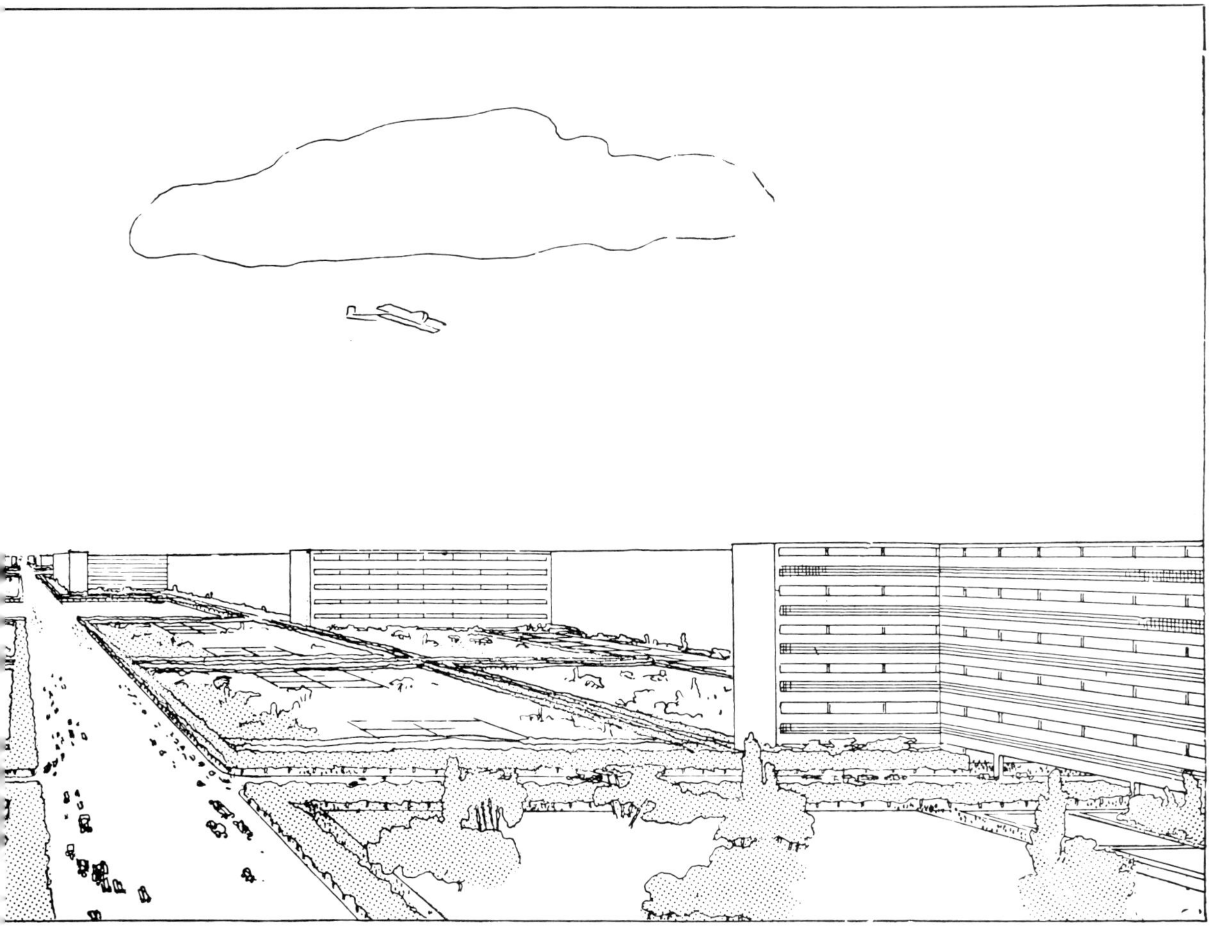

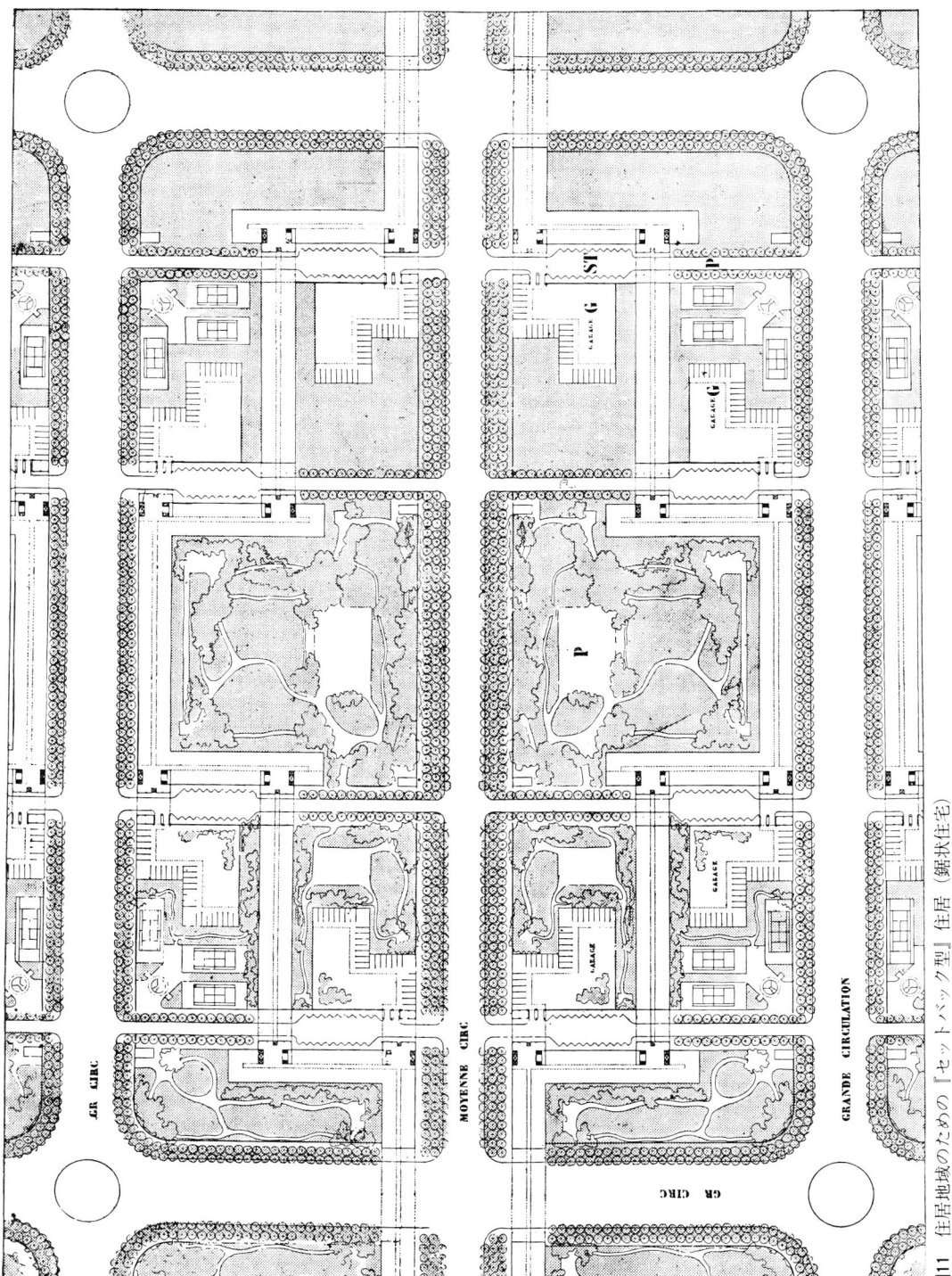

図11 住居地域のための「セットバック型」住居(鋸状住宅)

「50cm幅の主要幹線が、400×600mの街区を取り囲む。200mごとに中通りがある。このような大きな街区は、鉄格子の柵で囲まれてもよい。入口に近づくと、駐車場(ST)のある私道となる。おのおのの住戸には車庫がある(G)。庭と公園が至る所にある(P)。建築面積は、全敷地の15%、残りの85%はオープンスペースである。人口密度は、エーカー当たり120人である。パリの現在の人口密度は、エーカー当たり145人である」

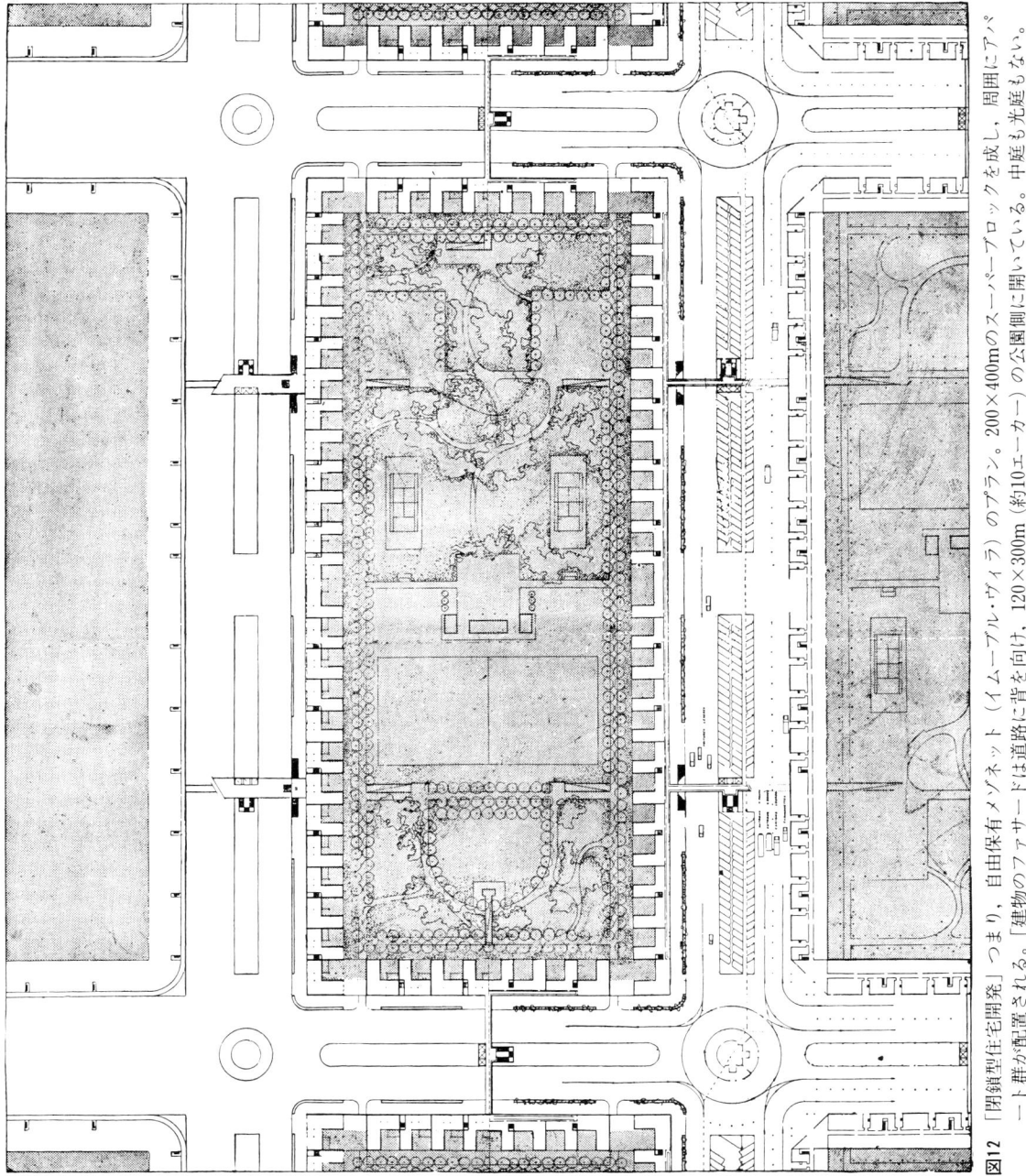

図12 「閉鎖型住宅開発」つまり、自由保有メゾネット（イムーブル・ヴィラ）のプラン。200×400mのスーパーブロックを成し、周囲にアパート群が配置される。「建物のファサードは道路に背を向け、120×300m（約10エーカー）の公園側に開いている。中庭も光庭もない。各住戸は、どのような高さにあっても、おのおの2層になっていて快適な庭がついている」著者訳（ル・コルビュジエ全集1910-29）

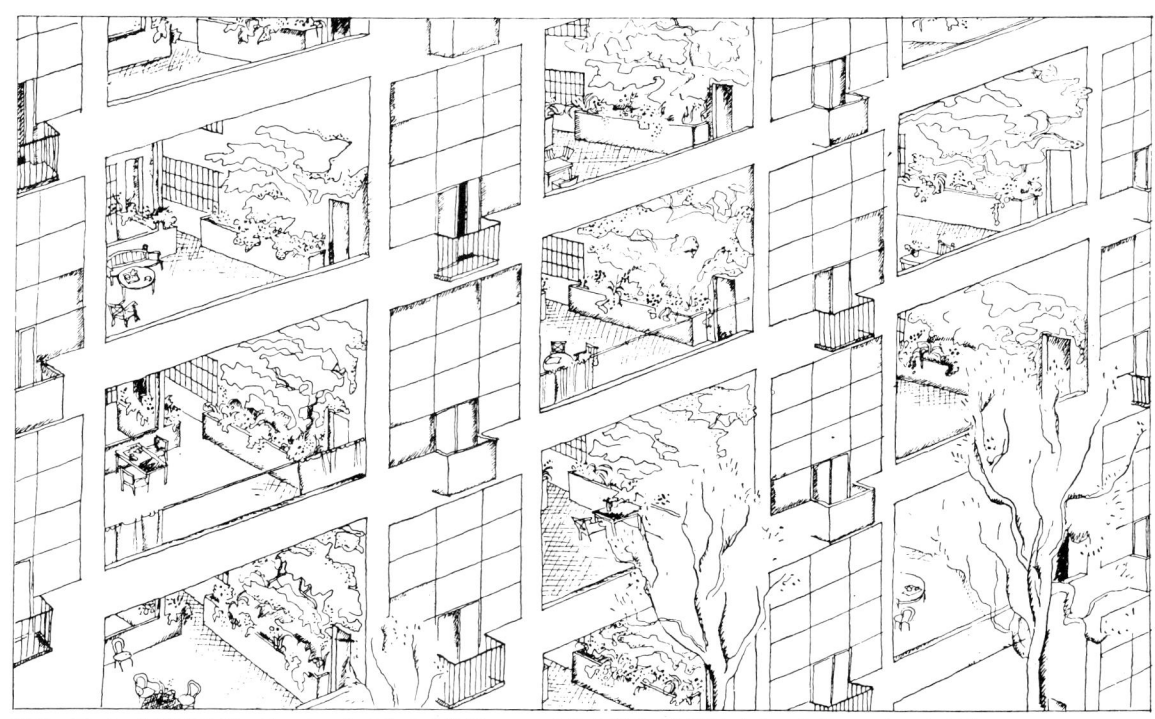

図13 アパート正面のディテール。おのおのの住居ユニットは2層分の居間をもち、テラスへとつながる。

図14 実現されなかったジュネーヴ計画に採用された自由保有メゾネット(イムーブル・ヴィラ)の概念を示すル・コルビュジエのスケッチ

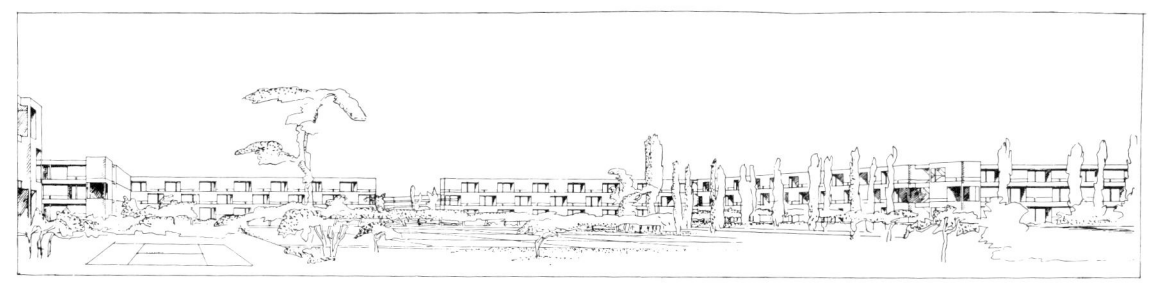

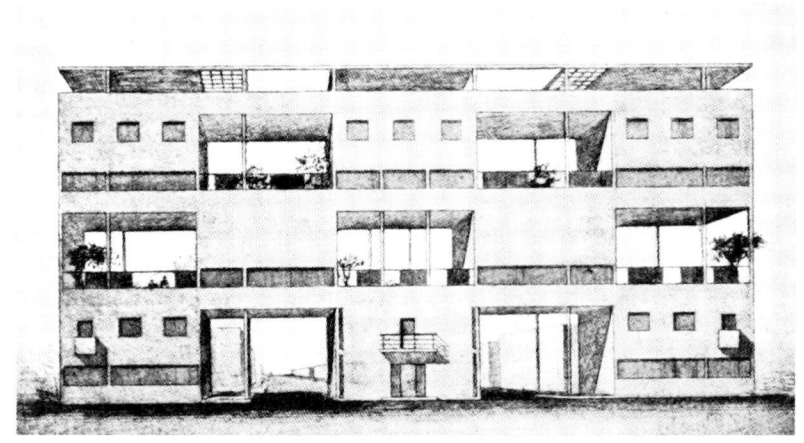

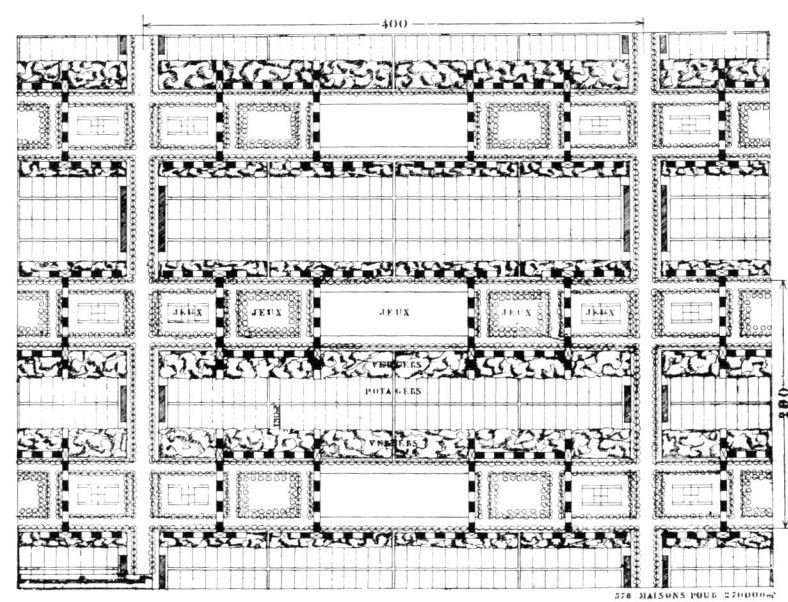

図15 「もっと論理的に問題を設定してみよう。住居50m², 観賞用の庭50m²（この住居と庭は，地上でも，あるいは地上6m あるいは12mにあってもよい）。これらを「蜂窩状」の集合体にする。住居の足元には，広大なスポーツ・グランド（サッカー，テニス等）があり，1戸当たり150m²の割合である」著者訳（ル・コルビュジエ全集1910—29）
上：田園都市のための「蜂窩状」住宅開発
中：住戸タイプ
下：配置図

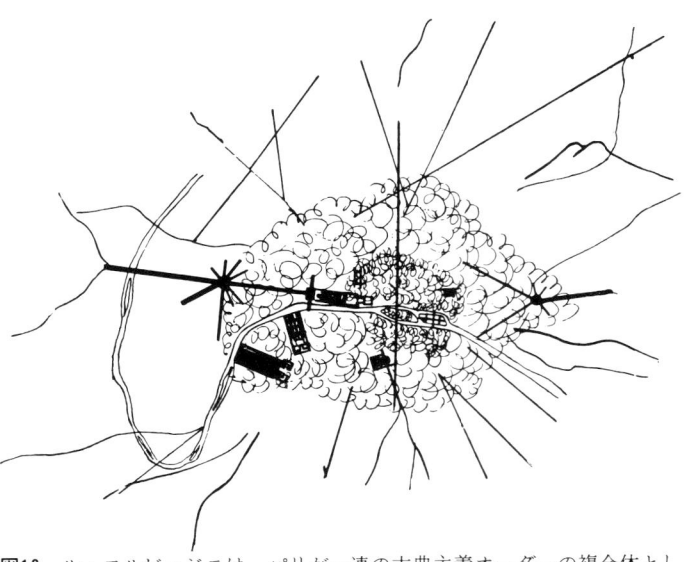

図16 ル・コルビュジエは，パリが一連の古典主義オーダーの複合体として発達し，無秩序に増大したとみなした。

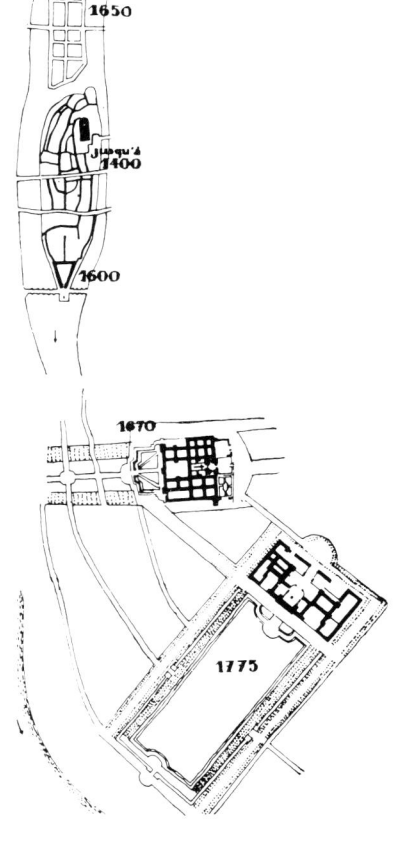

図17 「パリのシテ島，ドーフィーヌ広場，聖ルイ島，廃兵院，軍官学校。示唆的なダイヤグラム。同縮尺のこの2つの図は秩序への歩みを示す。都市が開化され，文化が現れ，人間が創造する」(ユニバニスム)。

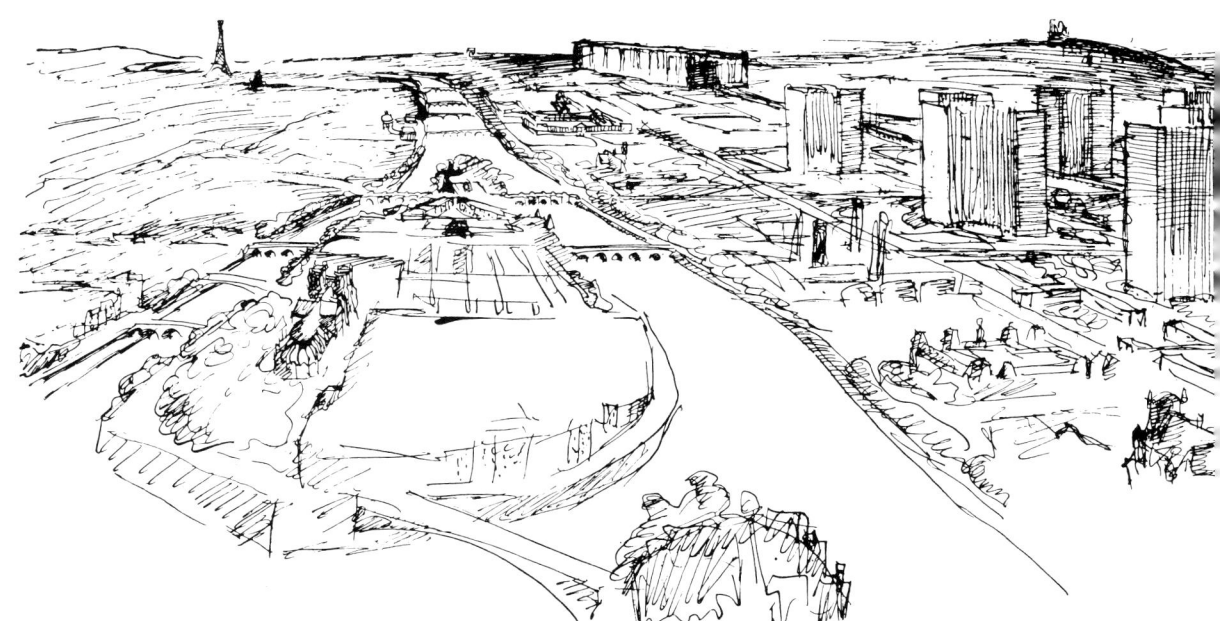

図18 パリの中心部の修復を示す1925年のスケッチ。シテ島が左にみえる。

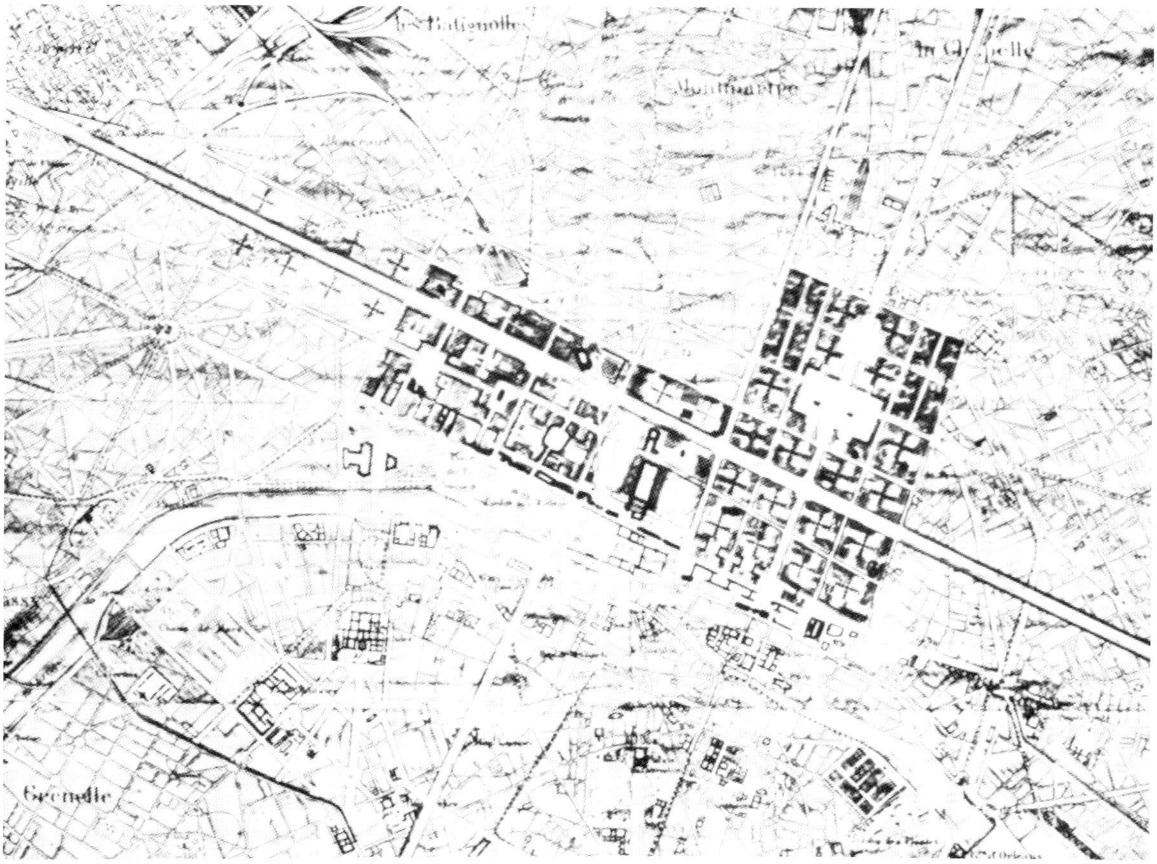

図19 1925年に展示されたパリのヴォアザン計画。都市図の上に重ね合わせて表現されている。

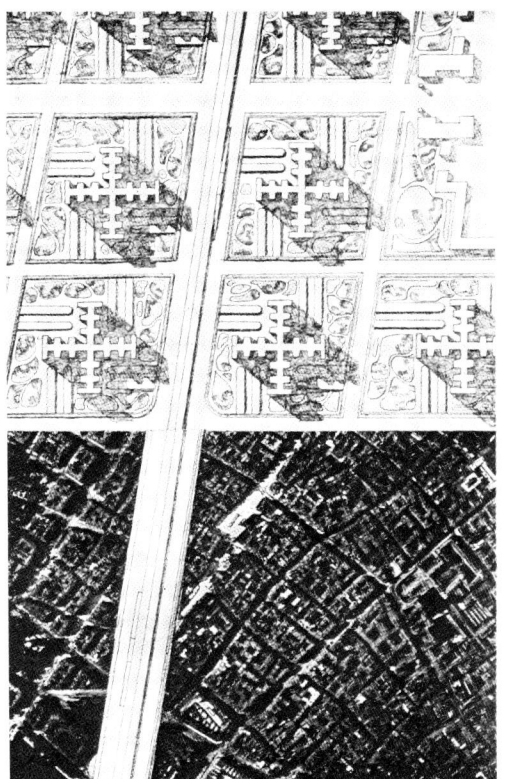

図20　1930年のパリ中心地区のモデル。ルーブル宮が下端中央部にみえる。シテ島が右にみえる。
「業務軸は，入念に選定された。サンジャックの塔はそのまま残されている。上部には，将来の計画地，サン・ドニ門，サン・マルタン門がみえる。右から左へ，つまり，東から西へ，パリの東西に走る高速道路がみえる。それは，パリの未来を具現化し，都市評議会に，金策する企画，巨大な財政事業を実行する機会を与える」(輝く都市，1935)。

図21　ヴォアザン計画の都市スケールは，周辺地域と並置して展示されている。

図22 ル・コルビュジエ自身の建築概念と歴史的なパリ複合市街地が、そのスケールと形態の点で類似性をもつことを示した彼自身によるスケッチ。
「歴史はわれわれに賞賛する対象を残し、そのスケールとか外観は尽きることのない喜びの源泉となっている。……ヴァンドーム広場、ルーヴル宮の中庭、コンコルド広場。現代都市計画の原理に従えば、都市活動の大きさを捉え、これを空間的に組織化することになり、結局、同スケールを再び設定することになるのだ。そしてここに、ヒューマンスケールの最も重要な面が確認される。調和と偉大な精神によって、われわれは美を創造する」著者訳（ル・コルビュジエ全集1938—46）。

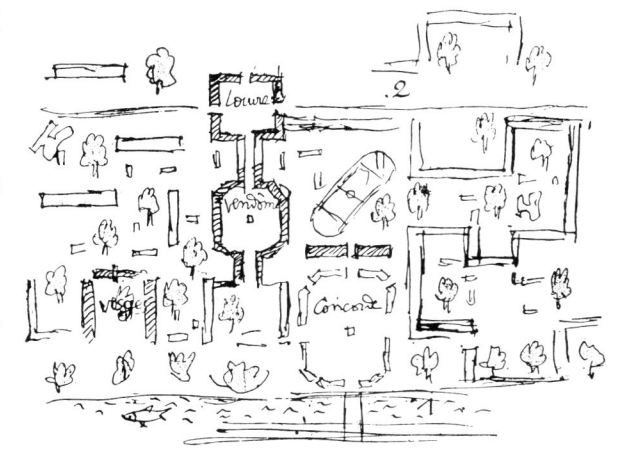

図23 ル・コルビュジエによって提案された新しい自動車用幹線道路を示すパリのスケッチ。
東西の軸は、シャンゼリゼへの交通量を和らげるよう目論まれている。「たとえば、パリで主要交通路が狭い歴史的城壁の間に閉じこめられてしまった状態だとしても、外科手術をほどこせば、歴史的遺産を損うことなく、現代的スピードをうけいれるのに適した新たな交通路が、この大交通路に平行してひかれることになる」（人間の家、1941）。

You planners who work in terms of vanity, have pity on 3,000,000 inhabitants.

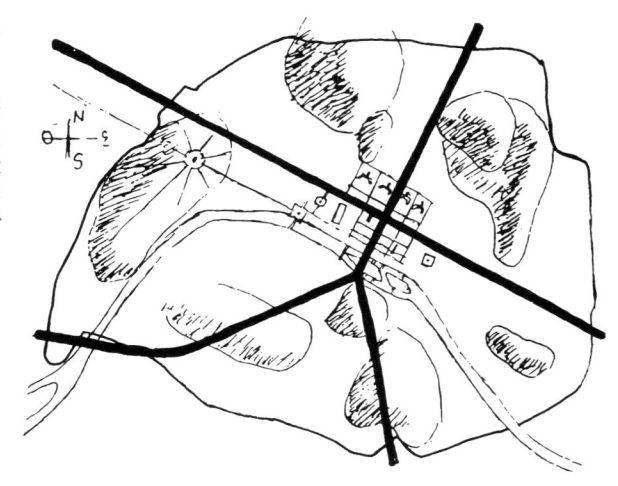

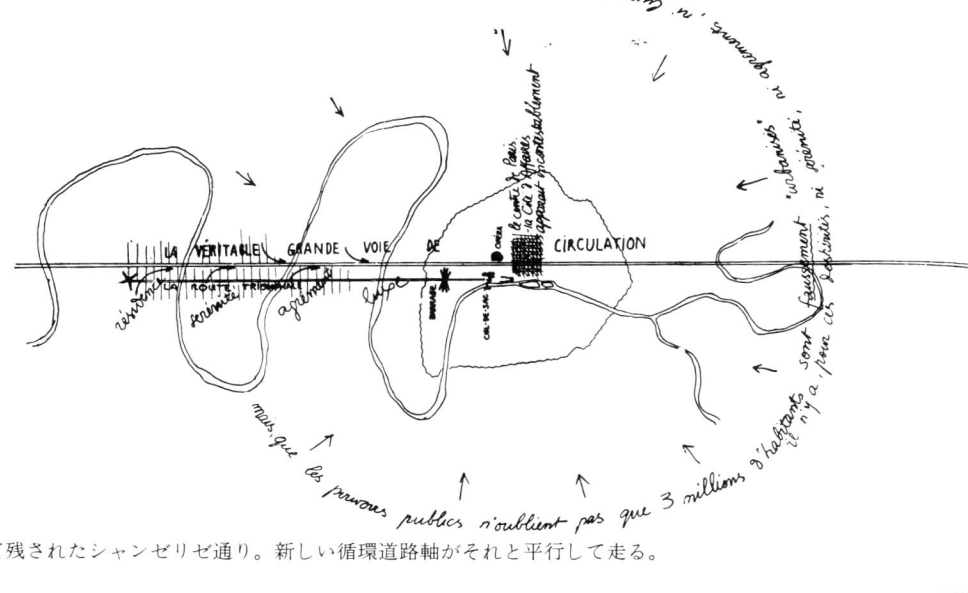

図24 凱旋路として残されたシャンゼリゼ通り。新しい循環道路軸がそれと平行して走る。

図25 「パリは回避せずに自ら変貌を遂げてきた。
数世紀にわたる思想の流れは，パリの街の石に刻み込まれている。このようにしてパリの生活イメージは形成された。
パリは永遠でなければならない」(輝く都市)。

輝く都市

1930年，ル・コルビュジエは，セントロソユース軽工業館を設計していたモスクワで，当局からソビエト首都改造に関する質問状を受けとった。それに対する公式表明にそえて，彼は『300万人のための現代都市』の原理を敷衍化した一連の図面を提出し，それを〈輝く都市〉（図26—27）と名づけた。その計画は，ソビエト連邦においてこれといった影響力を持たなかったが，近代建築国際会議（C.I.A.M.）のブリュッセル大会に出品され，広く出版されることでル・コルビュジエの考えを広めることになった。

新しい構想は直線状の形態に固執してはいたが，中心軸に沿って発展し，その両側のどちらへも拡大していくことができるという点で，「300万人のための現代都市」とは異なっていた。ル・コルビュジエは拡張に対する配慮の欠けた前計画の大きな欠点を認めていた。広い空地をとった摩天楼からなる業務地区はそのまま残っていたが，都市の北端に移され，その南側には鉄道のターミナルがあって，屋上は飛行場になっていた。この南側には，住宅のスーパーブロックが都市中心軸の両側に置かれ，住宅はセットバック型の共同住宅に限定されていた。工業，倉庫，重工業施設が立ち並ぶ工業地帯は，都市部の南端を横切るように広がり，住宅地域とは細長いパークランド公園（芝生状公園）によって分離されている。この計画案には，階層別人口配分と『300万人のための現代都市』にはあった郊外の『田園都市』がみられない。

『輝く都市』の計画は，生物学的に健全な環境に対するル・コルビュジエの偏愛を引き継いでいた。内部の空調設備と外部の空地の必要性を説いて，彼は次のように宣言した。「自然環境の再構成：新鮮空気，緑と空，そして皮膚には太陽光を。肺には広大なオープン・スペースの新鮮空気の恩恵を」[52]。太陽光に対する渇望は，住居は北面すべきではないという都市観を助長し，畢竟，ル・コルビュジエは，十字形の外観をもつ摩天楼のデザインを主要なファサードが南面するように鋸状の平面に変更することになった。彼は，たえず有機的暗喩を自分の著作の中で扱った。例えば，〈輝く都市〉の中には，彼が命名した「生物学的ユニット：居住者当たり14㎡の細胞*」[53]という記述がある。

後年，彼は次のように述懐した。「平面(プラン)は諸器官を秩序化し，有機体あるいは有機的組織を生み出す。諸器官は，それぞれ特質があり，差異を有する。それはどういうものか。肺，心臓，胃等々である。あらゆる人に太陽，空間，緑を提

* セル：細胞。ル・コルビュジエは住居の意味でも使用している。

供し，私は効率的な循環のシステムを提示しようとした。『生物学』！　それは，建築とプランニングにおける偉大な新用語なのである[54]」（図32）。

〈輝く都市〉の計画には，『300万人のための現代都市』で確立された原理が，より細部にわたって展開されていた。道路のシステムは二層から成り，400×400mのグリッド上にデザインされた。すなわち，地面レベルは重量トラック用，5m上のレベルは高速自動車交通用である。道路の下に歩行者用道路があり，地上レベルには街路と平行に路面電車の軌道が敷設された（図29—31）。

近隣住区概念は，1920年代に展開したが，〈輝く都市〉の計画[55]の中に，やや未熟であるが反映されている。人口ユニットは2,700人である。つまりアパート住棟でひとつの同じ入口を利用する居住者の数である。加えて，このユニットには共同家事設備，保育園，幼稚園，小学校が用意されていた。また，商業施設は入っていないが，『300万人のための現代都市』にみられる多くのスポーツ施設はそのまま残っている。人口密度は，居住者当たり居住スペースが14m²という仮定のもとに，エーカー当たり400人（ヘクタール当たり1,000人）と想定された（図28）。

都市内の空地の効能を喧伝するのに，ル・コルビュジエは自分の建築配置パターンが戦時下の空襲に比較的強いという理論武装を行った。もちろんその前提となるのは，第一次世界大戦時の空襲の経験によるものであり，1930年代の初期に思いつく空爆を想定していたにすぎない。

入り組んだ構造と狭い街路をもつ伝統的な都市は，廊下状街路（コリドール・ストリート），中庭によって有毒ガス濃度が拡散できず，爆発や火災によって甚大な被害を蒙ることになろう。しかし〈輝く都市〉では所々にある水泳プールの水が消火活動を助け，分散配置された建築パターンは集中的な被害を減少させる。建物はピロティによって地上部より持ち上げられているので，有毒ガスは通風によって拡散される。建物の居住者は，地下の防空壕ではなく上階へ避難することになる。そこには，「信頼のおける爆弾防御用の金属板」[56]があり，直撃の危険を和らげるようになっている。

建築家としてのル・コルビュジエの最大の関心は，都市の物理的な構造に向かい，複雑な社会組織までは及ばなかった。そして彼の計画の中に盛り込まれた機械化された素晴らしい新世界と太陽礼讃の運動主義の中には，不具者，老人，貧乏人のための場所がほとんどないという批判もある。ル・コルビュジエは自らの総合デザインを展開させるとき，〈理想的〉で平坦な敷地を仮定したが，それとまったく同様に，〈理想的〉な都市社会つまり，エネルギッシュ，健康的，効率的，家族的，スポーツおよび仕事中心の社会を想定していたようである。しかしながら，ル・コルビュジエは近代都市の社会不均衡をまったく知らなかったわけではない。より良い環境を求めて田舎から出てきたものの，いつまで

たっても都市生活に適応しきれずにいるか，あるいは建設的に貢献できない人がいることを彼はある程度認めていたのである。これらの環境に適応できない人々を観察して，彼は次のように結論せざるを得なかった。「われわれの都市は，幸運を夢みて都会へやってきたが成功せず，未だに密集したスラムに詰め込まれている群集によって膨れ上がっている。私たちは，いつの日か彼らに宣告しなければならない。都会ですることは，これ以上何もない。ここはあなた方に向いていない。出身地へもどりたまえ。田園へ帰りなさい。そうすれば，都市は綺麗になるのだ」[57]「都市というのは，赤々と燃える都市の暖炉のまわりに積み重なった人間のもえ殻，家庭やコミュニティの残滓，失敗した人生，翼を焼きつくされた夢が集積しているが，こうした都市を窒息させつつあらゆる妄想を一掃しなければならない」[58]。

問題を解決するには，農民に現代生活の利点を提供して，農村を再生させることであるとル・コルビュジエは結論を下した。彼は，農業労働者のノルベール・ベザールとの交際を通して刺激をうけたように見える。彼は次のような手紙を不平を込めてル・コルビュジエに書き送った。「こちらの田園には，われわれの純粋な気持ちを食い荒らす病気と失望が蔓延している。フランスの田園は，病み，死につつある。ル・コルビュジエよ，あなたは『輝く農村』『輝く農場』をわれわれに造ってみせねばならない」[59]。

近代化を望んだにもかかわらず，ル・コルビュジエは大規模な機械化された農村がフランスに適しているとは思えなかった。彼が描いた「輝く農村」のデザインは，伝統的な家族農業ユニットを維持していた。すなわち，ピロティによって持ち上げられた標準住宅，現代的な納屋，家畜小屋，農機具格納庫等があった（図33）。この計画を描きながら，彼は次のように主張した。「この農家の全体概念は，美学と道義的要素によって支配される。つまり，光と清潔さと汚れのない家庭備品等。現代的な清潔にデザインされた道具がひとたびあてがわれると，農夫は馬や豚を愛でるのと同じように，道具を愛し世話を焼くようになるだろう」[60]。

ル・コルビュジエは田園全体を見つめながら，高速道路を基盤にする交通機関の時代が来ることを予見し，次のように宣告した。「自動車によって，鉄道がないために隔絶されていた場所に再び活気が訪れ，活発で柔軟性のある新しい関係が都市と田園，都市生活者と田園在住者との間に確立されることになるだろう。精神の統合である」[61]。農村の再編成を行うにあたってル・コルビュジエは，この新しい農村を「基本的にそして必然的に，輸送システム，貯蔵，商業上の諸問題という機能を負うもの」[62]として措定した。「輝く農村」（図34）は，農業協同組合システムを想定し，組合サイロ，機械倉庫，協同組合店舗等が見られる。農村クラブは，社交場の中心となり，アパート住居は，農村に古くからあ

る一戸建て家族住宅にとってかわるであろう。ル・コルビュジエは，彼独特の楽観主義で次のように結論づけた。「われわれがこれらすべてを成就した暁には，人々は田園へ自然に帰りたくなるだろう。田園が物質的にも精神的にも再開発されてはじめて，都市の余剰人口をなくすことができるのだ。そうなれば，都市生活に適応できない人々を，再び田園へ誘引することができるようになろう」[63]。

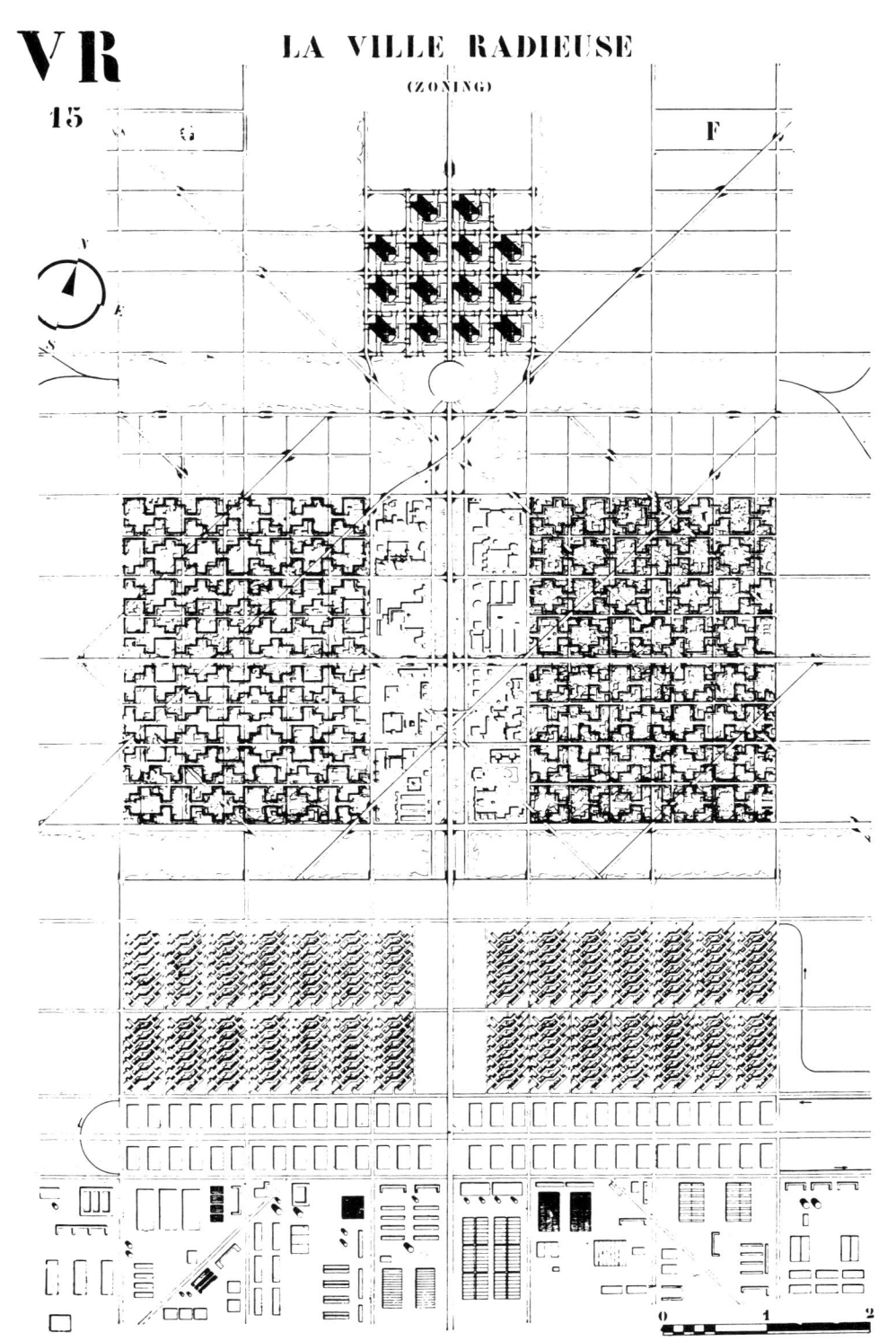

図26 1930年に計画された輝く都市。業務地域は上部にあり，そのすぐ下に円形の駅複合施設がある。居住スーパーブロックは，商業および公共施設の中心軸の両側にある。工業施設は下部に位置する。この計画は，中心軸の両側の横方向への拡張にも対応できる。「現代社会はみすぼらしさを脱し，新しい住宅への移行を待ち望んでいるのだ」（輝く都市，1935年）。

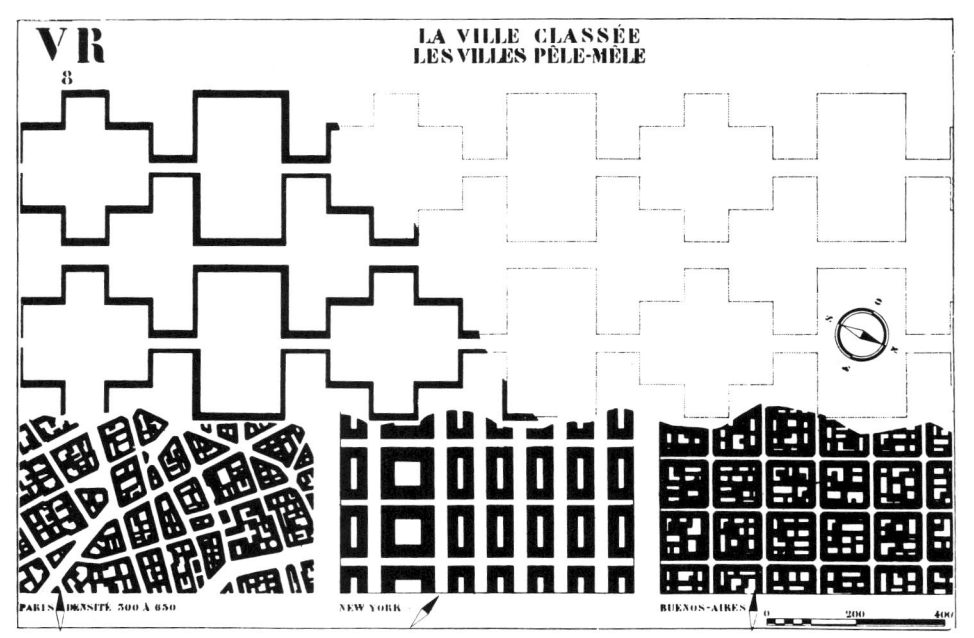

図27 輝く都市の建築物パターン。同スケールで，パリ（左），ニューヨーク（中），ブエノス・アイレス（右）を比較している。

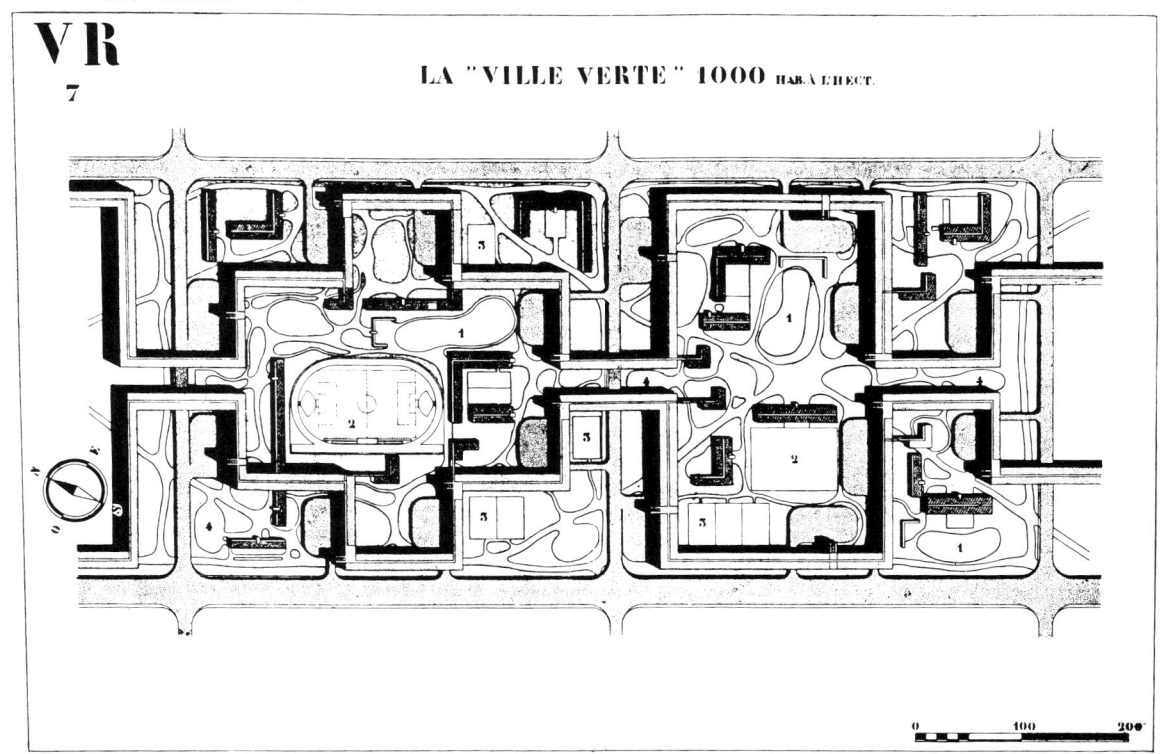

図28 輝く都市の居住スーパーブロック。高速自動車道は，地区を取り囲む400×400mのグリッドに限定された。共同住宅はセットバック型住居の連続としてデザインされ，その形は高架になったハイウェーグリッドを凌駕する独立したパターンを形成し，公園と運動施設の中にある。人口密度は1人当たり14m²の床面積をベースにして，1エーカー当たり400人である。これは彼の初期の計画の3倍以上である。豊かな景観ゆえに，ル・コルビュジエは，この計画を「緑の都市（グリーン・シティ）」と呼んだ。1.スイミングプール，2.サッカー場，3.テニスコート，4.運動場

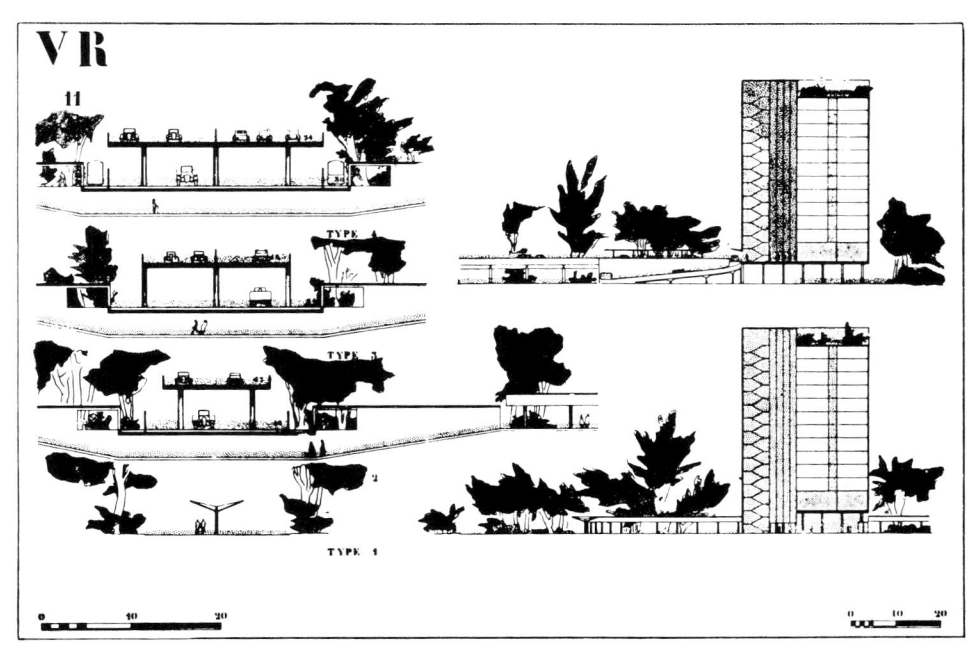

図29 輝く都市，1930年からの道路の断面図。自動車交通は地上5mの高さにある高架道路によって行われることになる。重量交通は地上レベルを通り，歩行者はその地下を横断する。

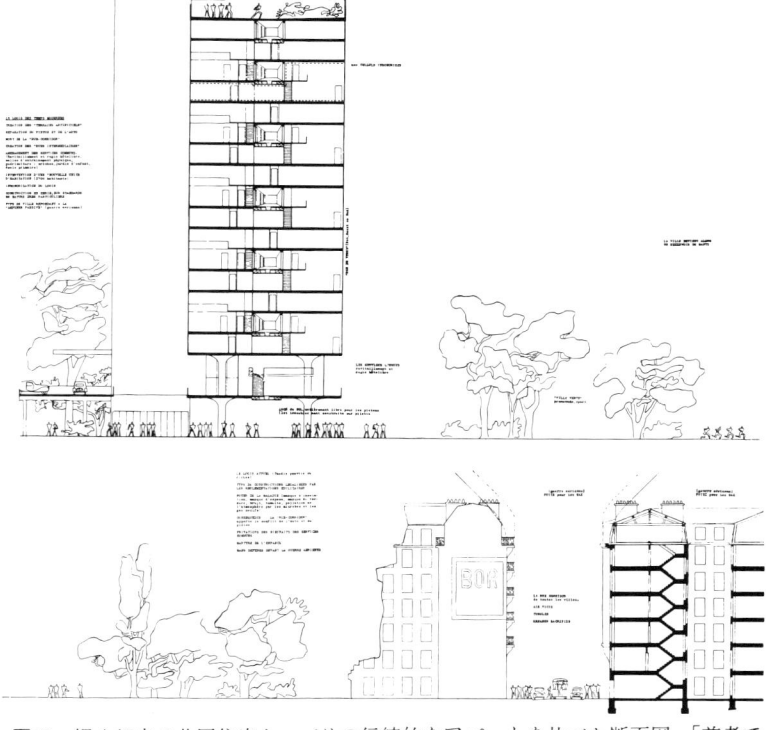

図30 輝く都市の共同住宅と，パリの伝統的なアパートを比べた断面図。「前者では，太陽，宇宙，樹木，人間が本来あるべき状態に戻っている。自然との接触があるのである。後者では「廊下状街路（コリドール・ストリート）」になっており，アパートは街路や中庭に面して建っていて，前面に広がりをもっていない。空襲には無防備。著者訳（ル・コルビュジエ全集1934—38）。

図31 共同住宅のブロックと，高架道路を示す輝く都市の模型

図32 「緑の都市(グリーン・シテイ)」の概念を示すル・コルビュジエのブエノス・アイレスにおけるスケッチ，1929年。「超高層ビルが林立するビジネス街の中心部にも緑が残っている。樹木は王様であり，人間は，木々におおわれて，そして調和の中に生きている。自然と人間のきずなが再生されたのだ」（人間の家，1941）。

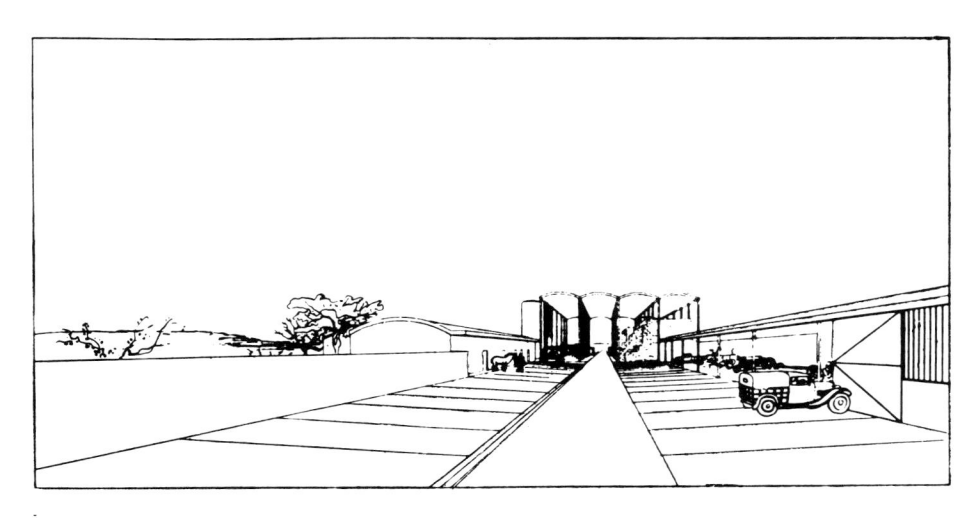

図33 輝く農場，1934年。「それはまさに自然の結晶のようなもので，土地自身が人間の顔をもったようなものである。木や丘のように景観と深く結びついた一種の幾何学的農場であり，人間の存在は家具や機械と同じように捉えられている」（輝く都市）。「その農家は，標準化され大量生産された建築物であり，組合せの変化が可能である。家の下部には地下室へ降りる階段，洗たく場，台所，生ごみシュートがある。柱廊は農場の軸に従っている。その前には花畑があり，それは台所の庭や，養鶏場へ行く途中になる」（輝く都市）。

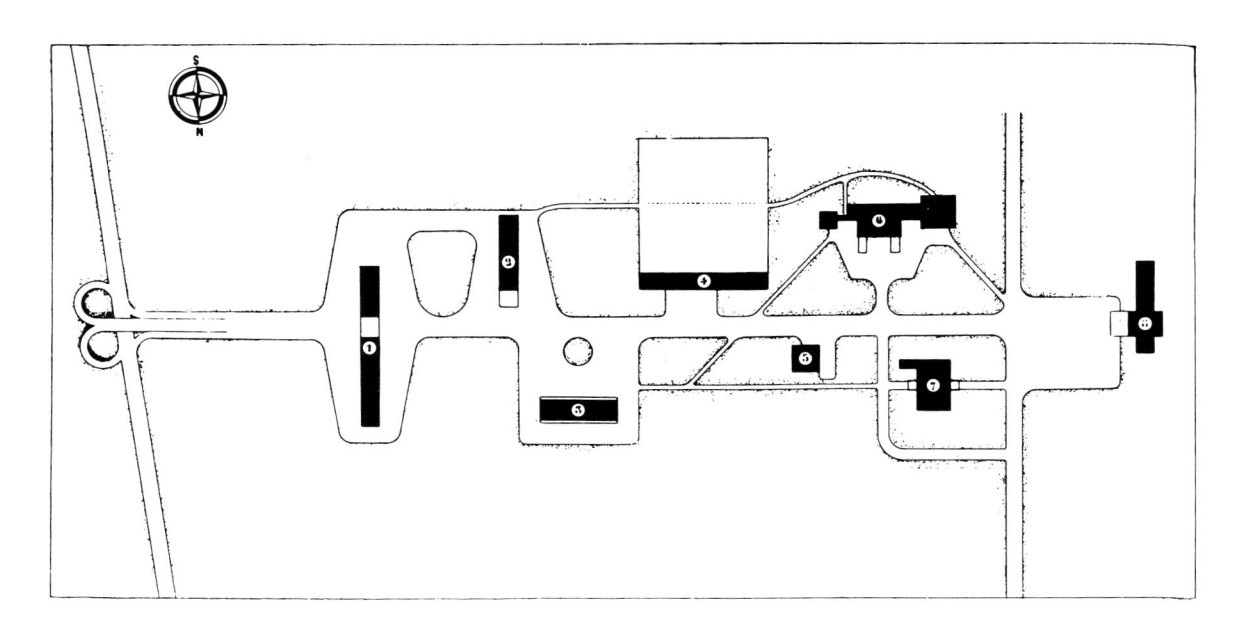

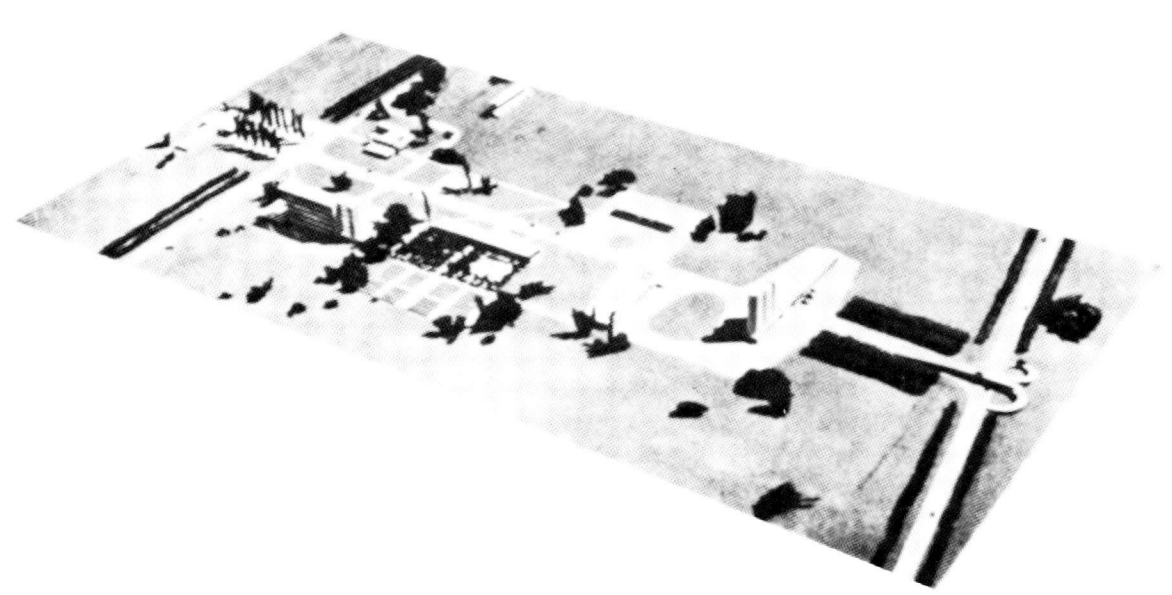

図34 輝く農場，1934—38年。上段：平面図，1.サイロ，2.作業場，3.協同組合，4.学校，5.郵便局と電報局，6.共同住宅，7.クラブ，8.役場，下段：模型

主題の変奏

ル・コルビュジエの都市計画に関するアイデアの最初の主要成果は，1925年に出版された彼の本『ユルバニスム』（英訳，"City of To-morrow"）の中に見られる。彼は自分のデザイン・コンセプト，理論を持ち出した後で，その読者を次のように安堵させた。「私はまるで救世軍に所属しているかのように，あちらの街かど，こちらの街かどで証明してまわろうと目論んでいるわけではないのです」[64]。しかし，これはまさに彼がゆるぎない確信をもって，しかも生涯にわたって行ったことなのである。つまり，飽くことなくコンペに参加し，行政官にもたびたび尽力を申し入れ，冗長なくらいの理論的文章を書き上げ，世界各国にわたる講演で自説を発表し続けたのである。

長期間にわたってル・コルビュジエは建築家としての名声を増した。そして彼の都市デザインは判を押したように実現されなかったが，反復されることによって常套句のように人々に知れわたった。彼は近代建築国際会議（C.I.A.M.）ではいつも精力的で，自分の思想を宣言するためにこの会議組織を利用し，1933年のアテネ憲章には，彼の原理の多くが具現化されているのがわかる。この文章から都市計画の重要性が建築家の間に意識されだしたことがわかるが，これは都市デザインの基準をコード化しようと試み，都市を4つの機能でとらえている。住居，労働，精神と肉体の修養，交通である。ル・コルビュジエが彼の同僚達に気づかせたように，まさに「都市計画には私たちのすべての問題が集約されている」[65]のである。

ル・コルビュジエはC.I.A.M.のフランス分科会であるA.S.C.O.R.A.L.（アスコラル）（建築刷新のための建設者会議）グループを指導し，このグループはC.I.A.M.グリッドにアテネ憲章の原理を具現化する責任を負った。このグリッドは都市計画に関連する素材を視覚的に提示する装置なのである（図35）。さらにこのグリッドはイラスト化された材料が規定のカテゴリーにそってはめ込まれ，組織化された一連の展示パネルから構成されていた。情報は，4つの水平区分によってグリッド上に整理された。住居，労働，精神と肉体の修養，交通。これらの水平に並べられた展示項目は，環境，敷地計画，建築容積，備品，美学と倫理学，社会および経済的要因，法規，および実現化へのステップの見出しに従って縦に分類された。このグリッドは，1949年，イタリアのベルガモ市におけるC.I.A.M.の会議で20以上の都市プランを展示するのに使用された。

1930年代を通してル・コルビュジエは自分の理論を広範囲に及ぶさまざまの建設されなかった計画に適用し続けた。ストックホルムのノルマールム、ゾーダァーマールムの都市化のためのデザイン・コンペ（1933），バルセロナのマスタープラン（1932），エロクールのロレーヌ地方のバチャ靴製造センターのためのデザイン（1935）等々。

〈輝く都市〉の原理を使って，ル・コルビュジエは1933年，アントワープのシェルト川左岸のためのコンペに参加したが，提出された40mに及ぶドローイングに対し，審査員はすぐさま，「気ちがいじみている」という判定を下したと報告している（図36, 37）。アルジェリアのヌムールのために提出された都市計画（1934）もまた不成功に終わったが，モロッコのフェスから新鉄道の海辺ターミナルとして計画されたこの都市は，港町として開発された（図38, 39）。この計画で視覚的に優位を占めているとみなされるのは，海を見渡す小高い敷地の上にあり，ル・コルビュジエが競技場になぞらえた高層アパートの住居地域であった。都市を工業地域，市民センター，観光センター，業務都市にゾーニングした総合マスタープランは，「C.I.A.M.のアテネ憲章にあらゆる点で符合している」[66]と彼は指摘した。

パリのヴォアザン計画は，1925年に展示されたとき，特別，熱狂的に受け入れられることはなかったが，ル・コルビュジエは，フランス首都を救済するには，彼の原理に従って中心地区を再開発することが必要であると確信して，生まれ育った都市のための計画を洗練させ続けた。都市の現状に深く失望の念を表しながら彼は次のように断言した。「私は今やパリに失望している。かつての立派な都市は，今やその内部に考古学者の魂がある以外何もない。指導者がいない。活力がない。天才がいない」[67]。パリの官僚主義は依然変わらなかったが，ル・コルビュジエは，人生の黄昏に至って，次の事実を認めた。「1922年以来（過去42年間），私はパリの問題について全般的に，そしてまた細部にわたって研究し続けてきた。すべては公にされている。それにもかかわらず市議会は私と一度も接触しなかった。むしろ私のことを『野蛮人』呼ばわりしたのである」[68]。

一方，ル・コルビュジエがソビエトに自分の都市デザインを採用するように働きかけるという望みも，さまざまな要因で立消えとなった。そしてその原因には，1920年代に支配的であった都市分散の政策とか，それと関連して，1930年代初頭に広まった近代デザインへの当局からの非難などがあげられる。革命直後の期間には，大中心都市はブルジョア的産物の名残りとみなされ，ル・コルビュジエの空想的な計画案は，資本家の搾取の象徴とみなされたようである。300万人のための現代都市が技術的な問題の解決だけを図っているという共産主義者の批判に対して，ル・コルビュジエは「私は建築家である。私を政治家にしないでもらいたい」[69]と応酬した。しかし，「計画図の中の最も豪華な建物を

『人民の家』『ソビエト宮』『組合本部』等々と呼称せず，また，この計画に『土地の国有化』という標題を掲げなかったために，私はきびしく糾弾された」[70]と述懐している。

ル・コルビュジエは，〈輝く都市〉の計画をソビエトに，「現代の都市化の礎石は個人の自由の絶対的な尊厳にある」という声明文をつけて提出したが，彼は「そのような言葉，思想，行動は，モスクワでは異端であることを実感していなかった」[71]。そのような宣言は共産主義者の教義に逆行するばかりではなく，建築家によって主張された全空調方式という技術的革新は，ソビエト社会の現実に反する，病的ともいえる現実逃避家の絵空事とみなされた。そして評議会は，「ル・コルビュジエは，都市問題については他ならぬH.G.ウェルズを参考にしている」[72]と判断したのだった。

ル・コルビュジエは，ある人々には革命主義者とみなされたが，ソビエトの人民教育委員ルナチャルスキー*には次のような印象を与えた。「彼は空調のきいた事務所で働くブルジョア階級のインテリであり，べっ甲縁のメガネで世界をみている」[73]。〈輝く都市〉の計画は，モスクワに対する提案として着手されたが，1935年ヴォクス*の検討に付されるために出版者より発送された『輝く都市』の特別版は，「ソビエト連邦にとっては関心の的ではない」[74]と宣告され，版元に返送されてしまった。

共同住宅，高架の高速道路に対するル・コルビュジエの偏愛は，1929年の南アメリカへの旅行期間中，彼の都市デザインに詩的な変化をもたらした。ブエノス・アイレスでの一連の講義に招待されて，この都市のための都市再開発計画をつくったが，それは高層の新ビジネスセンター，空港がラプラタ川に張り出して建設されることになっていた（図44）。彼はそれからも旅を続け，モンテヴィデオ（図40），サン・パウロ（図41）のスケッチを生みだし，リオ・デ・ジャネイロで公的な行事を終え，旅に幕をひいた[75]。

ル・コルビュジエの総合的な都市計画は，平坦な敷地を想定しているため，地形上の制約のないところで幾何学的なプランを採用するのが容易であった。しかし，実際の敷地の不規則な形態と直面すると，彼は想像力を最大限に働かせて当意即妙の対応をした。かつてアーバンデザイナーを彼は定義したことがあった。いわく，「街の創造者であり，指揮者であり，自分自身の中に全地域と全地形を集結，融合し，構成する人のこと」[76]。ル・コルビュジエの偉大な才能の一つに，自然のスケールに合わせられるという無類のセンスがあった。最初にデザインにアプローチする方法を，彼は次のように述べた。「風景の声に耳を傾け，四本の水平線から出発する」[77]。

リオ・デ・ジャネイロの連山と海と劇的に出会い，ル・コルビュジエは刺激を受け，「自然と対峙する」のではなく，強大な自然の形態と人為的なそれのバラ

* 『ル・コルビュジエ』八束はじめ著，岩波書店，1983，p.119参照

* ソビエト現代建築家協会（『四つの交通路』ル・コルビュジエ著，井田安弘訳，鹿島出版会，1978年）

ンスと調和を図ることをデザイン・アプローチとした。他の観光客と同じく，彼はリオの美しさに夢中になった。「リオの海，島と岬の多い海に開いている湾，そして天空にそびえ立つ山々が無数の動きのある眺望を描く。——それは，何時いかなる所でも，都市の上空に乱立して，一歩ごとにその姿を変える緑の焰(ほのお)とも言うべきものである‥‥。そのあまねく誉めたたえられた美しさに対し，人間の一切の協力を輝かしくも拒むかにみえる都市，ここリオ・デ・ジャネイロにおいて，私は人間的な冒険を試みたいという，多分，少しばかり気狂いじみた強い欲望をもった。——すなわち，〈人間の肯定〉と〈自然の存在〉という拮抗したりあるいは協調したりする二つのものを創出したいという強い欲望を抱いたのだ」[78]。

この人間の肯定は，100ｍの高さの巨大な高速自動車道路の形をとって表れた。それは都市の主要部を結びつけながら延び，道路下の構造体には共同住宅が組み込まれていた（図42—43）。ル・コルビュジエは，とにかくその下にある街を損わずに高速道路全体を建設できると主張した。地上スペースを必要とするのは，コンクリート支柱だけであり，また，共同住宅は地上30ｍから始まるので，おそらく既存のどんな屋根よりも高くなるからである。この30ｍのレベルと100ｍ高の道路に挟まれて，メゾネット形式からなる10階建の共同住宅が組み込まれ，自動車はエレベーターによって下の道路まで降りることになっていた。

計画のロマンチックさのせいで，ル・コルビュジエは高架になった共同住宅の中に，「飛行機の計画家の塒(ねぐら)」というものをつくったのだと叙情的に述べたほどであった。「飛行機は，自分のみに許されていた大空の自由が他に許されることを妬むようになるだろう」[79]。リオの騒々しさは，連続する巨大な帯状建築と対比をなすことで新たな高みに達するだろう。「過ぎゆく客船，すなわち，この威風堂々とした近代の移動機関は，都市上の空中に宙づりになった一つの応答を，反響(エコー)を，答辞を見いだす。全光景が語り出す。水の上で，陸上で，そして空中においても，それは建築を語っている。その饒舌は人間の幾何学と自然の限りない幻想(ファンタジー)との一篇の詩である。瞳に２つのものが映る。すなわち，自然とそして人間活動の産物と。都市は１本の線によってそれ自体表出する。そしてこの線だけが山々のはげしい気まぐれと調和できる。１本の線，つまり水平線だけが」[80]。

住宅を組み込んだ高架の高速道路は，元来リオのためにスケッチされたが，1930年から1933年にかけてアルジェリアの計画の中に，より総合的な形で採用された[81]（図45—49）。計画AとBでは，郊外のサントゥジェーヌとフサン・ディと都心とをつなぐように，山なりの海岸に沿って100ｍの高さの高速道路がつくられ，その下部は約18万人のための住宅が供給されることになっていた（図46—49）。

以前のようにディテールの統一性や標準化された住戸に固執するのをやめて，ル・コルビュジエは，その構造体の床レベルを「人工地盤」(図47) と考えた。つまり，購入者の希望に応じてデザインされる建設のための区画と考えたのである。高架道路の大架構(メガ・ストラクチュア)の中には，「建築家は，好きなように住宅(ヴィラ)を建てる。ムーア人様式の住宅の隣りにルイ16世やイタリア・ルネサンス期の様式ができたとしても，全体としては何の問題があろう」[82]。

海岸線に沿った高速道路のほかに，都市に近接したフォール・ランプール地区の人工地盤による開発の提案があった。これはカーブした共同住宅ブロックの複合体であり，20万人の住宅を含み，高架道路によって高層の新業務センターへ直接連結された(図49)。ル・コルビュジエは，美学上，あるいは実用上の観点から自分の案が望ましいことを確信して，それが経済上も十分やっていけることを公官庁の役人に繰返し説いたが，ついには，海辺の業務センター（計画C・1934年）の詳細開発計画へと提案を縮小することになった。この比較的穏当な計画でさえ好意的に迎えられないのを知って，彼は船上で憂鬱さを漂わせながらアルジェを去った。「今やド・グラース号は外海に出た。すばらしい肉体，切れ上がった臀部，豊かな胸をもちながら，皮膚病という病にとりつかれているアルジェを今，後にする。数学を大胆に駆使し，すぐれた形態を選びとり，自然の地形と人間の幾何学を調和させれば，肉体は逞ましくなるのだ。しかし，私の面前の扉は閉じられ，出る幕はなくなった。私は追放されているのだ。それでも，去るに際して強烈に思う。私は正しい。正しい。正しいのだ」[83]。

次の年の1935年，ル・コルビュジエは合衆国を初めて訪れたが，長い間，彼は合衆国に複雑な感情を抱いていた。高層ビル開発の開拓者(パイオニア)としてのアメリカを彼は評価していたが，自著には，無秩序な計画性のない都市成長の例としてアメリカ都市のイラストを紹介した（図51—52）。そして，合衆国の視察旅行は，いろいろな点で，彼の従来の見方を強めることになった。

ル・コルビュジエは，活気に満ちたアメリカでの生活の中で感じたエネルギー，楽天主義，活力を賞賛した。彼はアメリカの清潔さ，技術上の効率の良さと洗練を称えたが，アメリカ都市特有の美しさについて敏感だった。しかし，また都市の至る所で生活を脅かすように見えるものを見つけて幾度となく驚いたのだった。「私は，ニューヨークは破局であると100回考えたとすれば，そのうち50回は美しい破局なのだと認めた」[84]。

アメリカ訪問の際，ル・コルビュジエは多くの講義をしたが，到着したときに行われたインタビューでの発言が最も有名である。それはニューヨーク・ヘラルド・トリビューン誌の見出しともなったお決まりの質問「ニューヨークについてどうお考えですか」に対する答だった。

　「アメリカの摩天楼は小さすぎる」ル・コルビュジュ氏，到着直後の印

象として「摩天楼はもっと巨大に，また，間隔をとるべきだ」と発言[85]総合計画に従って建設されるのでなく，込み合った敷地にひしめき合って建つニューヨークの摩天楼は，ル・コルビュジエには「崇高で，素朴で，感動的であるのと同時に愚かしく」[86]見えた。

「摩天楼は真面目で聡明な意図にもとづいて建設されたのではない。それは，曲芸的な偉業に対する喝采だった。一つの宣言として，摩天楼は勝利しえたのだ。摩天楼はここでは都市計画の要素ではなく，青空の吹流し，打ち上げ花火，帽子の羽飾りである。その名は今後，ゴータ年鑑の経済の項目に記されるであろう」[87]。

彼はアメリカの大量輸送システムの効率を賞賛したが，大規模の通勤が経済と人々に与える損失を慨嘆した。「彼らはプルマン式車両，地下鉄，高速道路，街路をつくり，国中を自動車の群で埋めた。国中が車で動いている。一切のものが回転する。ひとは自由である。なぜなら路上で自分の車を運転したり，汽車の中で読書することができるからだ！ 産業は忙しげに機械のこうした巨大機構を生み出す。思うにこれはすでに一つの病気である。『健康そのものの癌』と私は言った」[88]。

このように日々の通勤にかける時間，浪費，疲労について慨嘆するのに加えて，郊外生活のパターンは，夫婦が長い間別々に過ごし，そのため仲たがいを生み，家庭崩壊を招くことに気づいた。

アメリカの都市の中で究極的に深刻な問題になるだろうと思われることについて，多くの場合，ル・コルビュジエは予言者的ですらあった。彼は都心から中産階級の人口がなくなってしまう危険性を指摘したし，そのような人々が都市問題にますます無関心になる情況を描いた。「私は，ニューヨークのスラムを垣間見ただけであるが，ニューヨークの住人は毎日の活動の途上でそれにぶつかることがまったくないと断言することができる。彼らはそれを知らないのだ。もし知っているなら彼らは心を痛め，都市計画を実施するであろう。なぜなら，世界は人間の悲惨を克服するために都市計画を必要としているから」[89]。

ル・コルビュジエは，都市に対して人間的な捉え方をしようと配慮していないとたびたび非難されたが，しかし彼の批評は，時に鋭い社会観察となってあらわれた。「アメリカ人はきわめて民主的である。ニグロに関しては別であり，そしてそれは皮相的に解決できない非常に重大な問題なのだ。……現代の悲惨は，命令する人たちが成功した人々であること，したがって当然のことだが，安楽な物質条件のもとで生活する人たちであることに起因する。彼らが人間の悲惨の掃溜を知らないことは，彼らの意に反し，明らかに善意にも反して宿命といえる」[90]。

ル・コルビュジエが受けた印象を要約すると以下のようになろう。彼は合衆国

を「臆病な人々の国」と呼んだが，それはあふれるほどの幸福と技術力を持ちながら，都市問題の解決に正に大鉈を振るう能力が欠けている国にみえたからであった。

第二次世界大戦の勃発によって建築の依頼がなくなり，ル・コルビュジエは半ば遁世している状態だったが，都市計画を発展させ，理論的な文章を公表し続けた。ブエノス・アイレスの計画（1938年）を詳細に検討し，1980年までの都市の開発過程を描いた指針計画書であるアルジェの財政計画（1942年）を発展させた（図50，53―54）。この計画の中で，彼は，ヨーロッパ的―イスラム教徒的という文化的，物理的な二項対立の図式でアルジェを浮かび上がらせた（図55―56）。カスバに近接したマリヌ地区は，イスラム教徒の文化センターに割り当てられ，さらにこの地区はヨーロッパ様式の都市に連結され，新市民センターが建築されることになっていた。ここでは，高架になった高速道路の下に共同住宅を組み込むという初期の考えは放棄されたが，高層共同住宅として開発される丘陵部へつながる新しい交通システムが計画された。

理論的な仕事の中では，彼の都市形態についての一般的概念は比較的一貫性をもっていたが，ル・コルビュジエは，より大きな環境のスケールへと関心が向いていった。地域開発のパターンに思いをめぐらし，「機械文明の枠組」を，農業単位，線状工業都市，放射・環状都市という三つの機構でとらえた（図58）。放射環状都市は，流通・行政・文化のセンターとして機能する伝統的な中央集中的都市について表現したものであった。このような都市センターを結んで，輸送機関の線がつくられ，これに沿って工業―住居複合体が線状に開発されるのである（図60―61）。図式的に考えるとおのおのの「緑の工場(グリーン・ファクトリー)」には約3,500人の労働者が従事しており，鉄道・道路・水路の輸送手段に沿ってオープン・スペースの中に配置され，住居地区とは，沿道が緑化された高速道路によって分離されていた（図62）。住居地域の中には，コミュニティ施設の他に高層および低層の住宅があった。

ル・コルビュジエは，自分の労力を注ぐ場所として，以前から都心の再開発を選んだが，都心部の再生は計画的居住といった，より大きな概念があってこそ成就されるとはっきりと確信するに至った。ル・コルビュジエの線状都市の提案は，特別の経済基盤の上に乗ったものではなく，水路・鉄道・高速道路・空路という「四つの交通路」から成る輸送手段の恣意的な枠組に基づいて計画されていた。彼は線状パターンによる分散が，他の分散システムより優れていると考えた。彼は次のように主張している。「衛星都市という心地良い催眠状態から目をさまさねばならない。これにかわるのは，御覧のように，商業運搬路に沿った秩序だった衛星都市だ。それは新しい工業の中心でもあるのだ。この衛

星都市群が間隔をおいて配される運河に沿って，線状工業都市が配置される。工場は指定された敷地へ移転される。仕事場と居住地のなかで自然な状態が実現されるだろう」[91]。ソリア・イ・マータ（1844—1920年）＊を思い起こさせるような構想の中でル・コルビュジエは，ヨーロッパ中に居住地を線状に配置しようとして，大西洋からウラル山脈へと東西に伸びる主要線状都市と，それと直交して南北軸に伸びる線状都市を想定していた[92]（図59）。19世紀に鉄道によって引き起こされた都市開発のパターンをル・コルビュジエは時代遅れであり，破壊的であるとみなしたが，この線状都市計画は，それと明らかに対抗するように造られていた。彼は次のようなことに気づいていた。「百年かかって技術文明が開花した。その力と可能性の点で，混乱を生み，行く手にあるすべてを覆した……環境，生活，社会制度における一つの革命であった。一方では陰鬱な悲惨さ，だらしない無秩序をもたらした。人々は，水準線と鉛錘線を突然見失ったのだ……。その結果，放射状に伸びる都市が生まれた。パリ，ロンドン，リオ・デ・ジャネイロ，ブエノス・アイレス。それに伴って地方から人がいなくなった。ここでは，二重の破局(カタストロフ)が訪れているのだ。平衡感覚の恐るべき喪失」[93]。地方分権と産業分散の手段として，線状都市の概念は，ソビエト連邦で早い時期に提案されていた。ル・コルビュジエのデザインは，N. A. ミリューティン設計のスターリングラード1930年計画に，図式的に類似しているところがある。ミリューティンの計画では，工業地帯が鉄道線路と並行に配置され，居住地区と高速道路のある帯状の緑地によって分離されていた。ソビエト計画は，都市と農村のそれぞれの労働者階級を同じ線状都市に関係づけることによって，両者間の差異を最小限にしようという意図があった。しかしながら一方では，この人口の混合は，農業労働と工業労働の性質に適合しないとル・コルビュジエは考え，次のように述べている。「農場労働者は年のリズム（365日，四季，年々）の中で生活し，工場労働者は1日24時間という太陽の法則に従って働いている」[94]。

ル・コルビュジエによって計画された農業施設は，1930年代の輝く農場，輝く農村の計画概念を継承した個人農業単位，共同農村から成り立っていた。田園の公共施設は，道路輸送機関に頼っていたが，村内には，主要空港への緊急の交通機関としてオートジャイロ航空機の基地があった（図63）。

成長によって起こる極端な軋轢(あつれき)，生産活動にとって好ましくない妨害から中心都市を開放する一つの手段としてル・コルビュジエは新しい都市パターンを構想した。「文化の中心地に寄生するその外縁部は分離され，線状都市として再編成される。文化の都市は自然の秩序のもとに帰着し，あらたに光り輝く」[95]。都市機能が存在する本当の理由を認識し，都市に付属している理由のない機能は削除するという機能による選定によって，「都市の成長をコントロールするべき

＊スペインの土木技師で，1828年に線状都市の構想を発表。

である」と彼は感じていた。そして，都心部から好ましくない人々を追放するべきだという見解を繰り返したのである。「寄生している連中を拒否しなければならない。彼らは失敗に終わった失望から都市に参入しているのだ。彼らを減少させるべきである」[96]。

戦争が終わり，再建の時期にル・コルビュジエは建設されるあてのない都市デザインを再開した。爆撃を受けたサン・ディエ（1946年）の町の再建のために，町の中心部に新市民センターをつくり，その両側に一連の大共同住宅を配置し，川の対岸には工業地域を再建するという計画を提案した（図64—65）。その作品は合衆国，カナダで展示され賞賛されたが，フランスでは受け入れられず，ラ・ロシェル＝パリスの都市計画（1945—1946年），サン・ゴダンの都市計画（1945—1946年），モーの都市計画（1956—1957年）（図72）と同様の道をたどった。マルセイユのために，ル・コルビュジエは南マルセイユの「垂直庭園都市」の計画を含む再開発計画を発表した。これはオープン・スペースの中に共同住宅が数棟配置され，相乗効果（アンサンブル）を生み出している計画であった（図66—69）。この計画の中で，彼は一棟だけ共同住宅を建設することができた。それは，1,600人の居住者が入居し，公共施設が完備し，これだけで一つの小さな近隣住区単位として機能する建物であり，それを「ユニテ・ダビタシオン」と呼んだ（図70）。共同生活の概念については，修道院社会から影響を受けたと彼は述べている。「それらの考察を解読する鍵は50年前にさかのぼり，1907年のトスカナ地方エマのカルトゥジオ会の修道院への訪問であった。それは，50年後に再来することになった。1000年前に念入りに造り上げられたひとつの調和例であり，それは現代へ移行できるものをもっていた。なぜなら，〈個人・集団〉という密着した二項式を含むからだ。エマの修道院が道を照らした」[97]。また，19世紀のチャールズ・フーリエ（1772—1837年）によって計画されたファランステール共同体とユニテの概念には関連性があると指摘することも可能である。空想社会主義者フーリエは，一つの建物に1,620人収容している「ファランクス」（ファランステール）から構成され，集団生活の多くの局面を共有している理想社会を描いた[98]。

初期にル・コルビュジエが計画したときには，ユニテ・ダビタシオンの7階の半分と8階は，大きな協同組合店舗，個人店舗，洗濯設備のために割り当てられていた。小さなレストランがあり，居住者の客を宿泊させるように計画された18室のホテルを含んでいた。最上階の17階は託児所と保育所が入り，屋上には，小児のための水遊び場および遊び場があった。また，屋上には，屋外トレーニング場，300mのトラック，日光浴場があった。しかし，計画された施設がすべてうまく実現されたわけではなく，また，建物内に広い商業店舗を配置することは経済的に脆弱であることがわかった。使用されなくなった室内の店舗

通りを見て，次のように述べた批評家もいる。「失敗は避けられなかった。彼がつくった部屋へのサービスとか店舗を支えるには，住居単位の3倍の人口が必要であることをル・コルビュジエは見落としていたのだ」[99]。

共同住宅の単位は，ル・コルビュジエの初期の都市デザインに見られる共同住宅「自由保有メゾネット」（イムーヴル・ヴィラ）を発展させた標準住居タイプを基本としており，彼はこれらの単位を，ちょうどボトルを棚（ラック）に入れるように，構造骨組の中に組み込むように描くことを好んだ（図71）。ユニテは技術的革新は含んでいなかったが，マルセイユの共同住宅の視覚に訴える表現は，現在流行の「プラグ・イン」建築，つまり小さな独立した単位がより大きなメガストラクチュアに組み込まれるという建築を何かしら予言したものであった。

ユニテの住宅タイプは，都市住宅問題に普遍的に適用できる解決案であるとル・コルビュジエは確信し，マルセイユのアパートは，その結果として標準化された大量生産に適用できる定型（プロトタイプ）であるとみなした。しかし，彼は引き続きこのタイプの建物を3つだけ別の場所で実現するにとどまった。ナント（1952—1953），ブリエ・アン・フォレ（1957），ベルリン（1956—1958）の共同住宅である。

1950年，ル・コルビュジエはボゴタの試案を公式に発表し，それをもとにマスタープランがジョゼフ・ルイス＝セルト，ポール・レスター＝ヴィーナーによって作成された（図73）。この計画は市民センターの再開発，新輸送幹線の確立，近隣住区の単位として役立つ800×1,200mのスーパーブロックの居住システムを含んでいた（図74）。役所認可がいったんは下りたが，その直後の行政機関の交代に伴い，その計画は断念を余儀なくされた。

このように，ヨーロッパと世界の多くの都市は急速に再建し，都市化が進む時期に突入したが，ル・コルビュジエは，周知のごとく，挫折と拒絶の人生を歩み続けるよう運命づけられていたかにみえた。

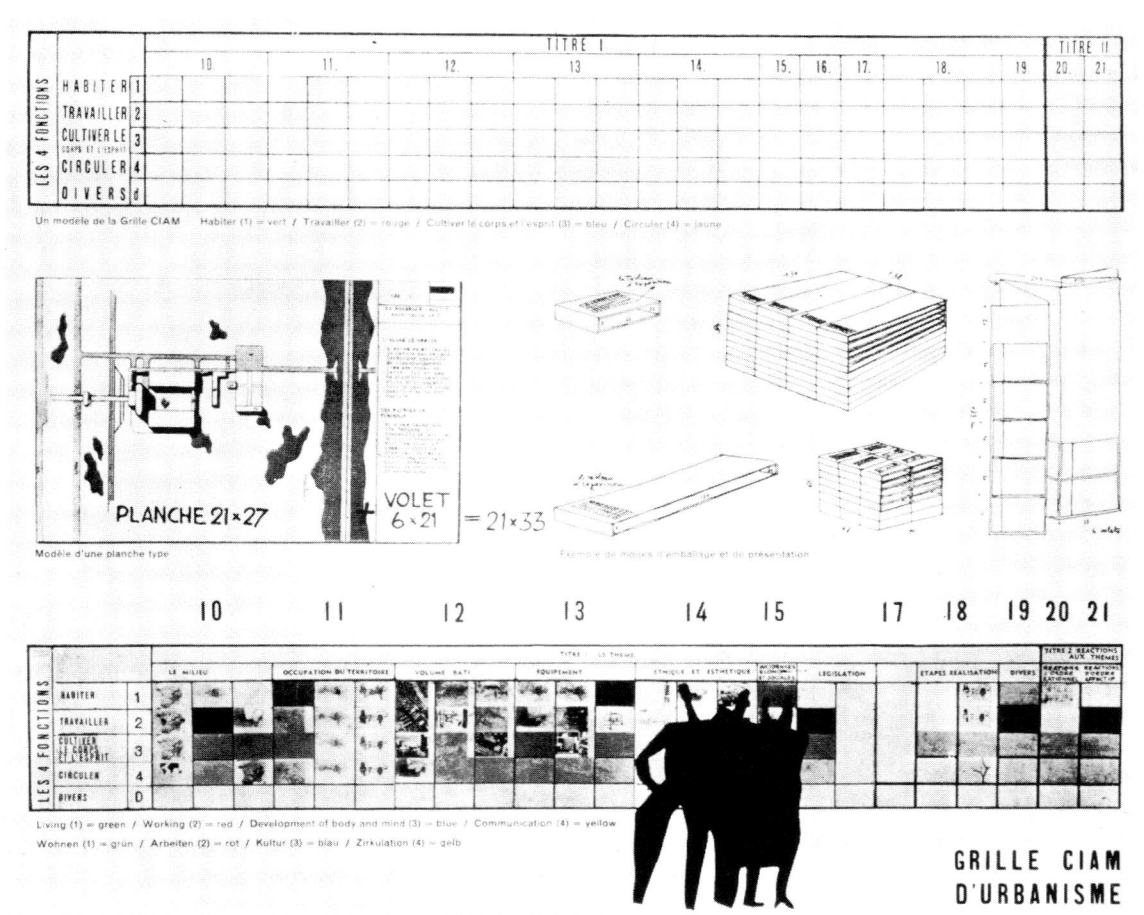

図35 C.I.A.Mグリッド，1947年。グリッドは都市計画の編成体系化と表現のための手段で，C.I.A.Mのフランス分科会であるA.S.C.O.R.A.L.(アスコラル)によってつくられた。情報は，環境，配置プラン，建物容積，設備，倫理学および美学，社会的および経済的要素，法律，実現化の段階という見出しで分類され，居住，労働，心身の修養，交通という項目に従って整理された。
上段　CIAMグリッドの見本
中段左　標準的なパネルの見本
中段右と下段　荷造りと展示法の例

図36 アントワープのシェルト川の左岸を開発するために輝く都市の原理に従って1933年に提案された計画。

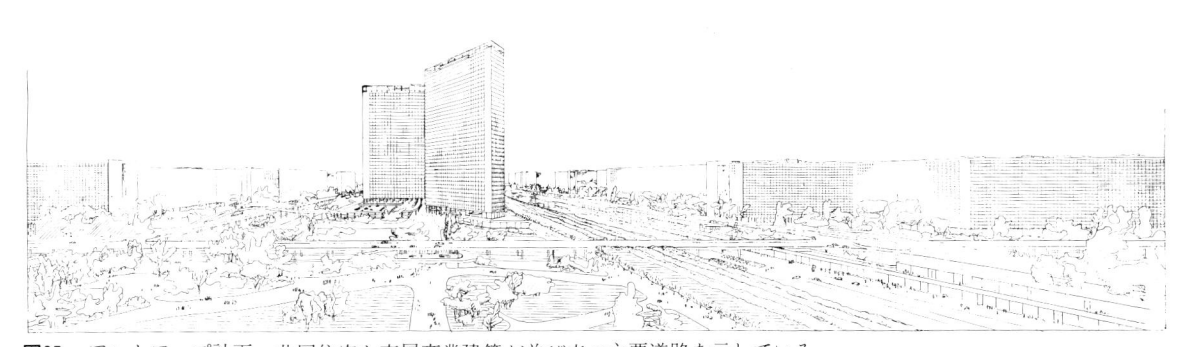

図37 アントワープ計画，共同住宅と高層商業建築が並び立つ主要道路を示している。

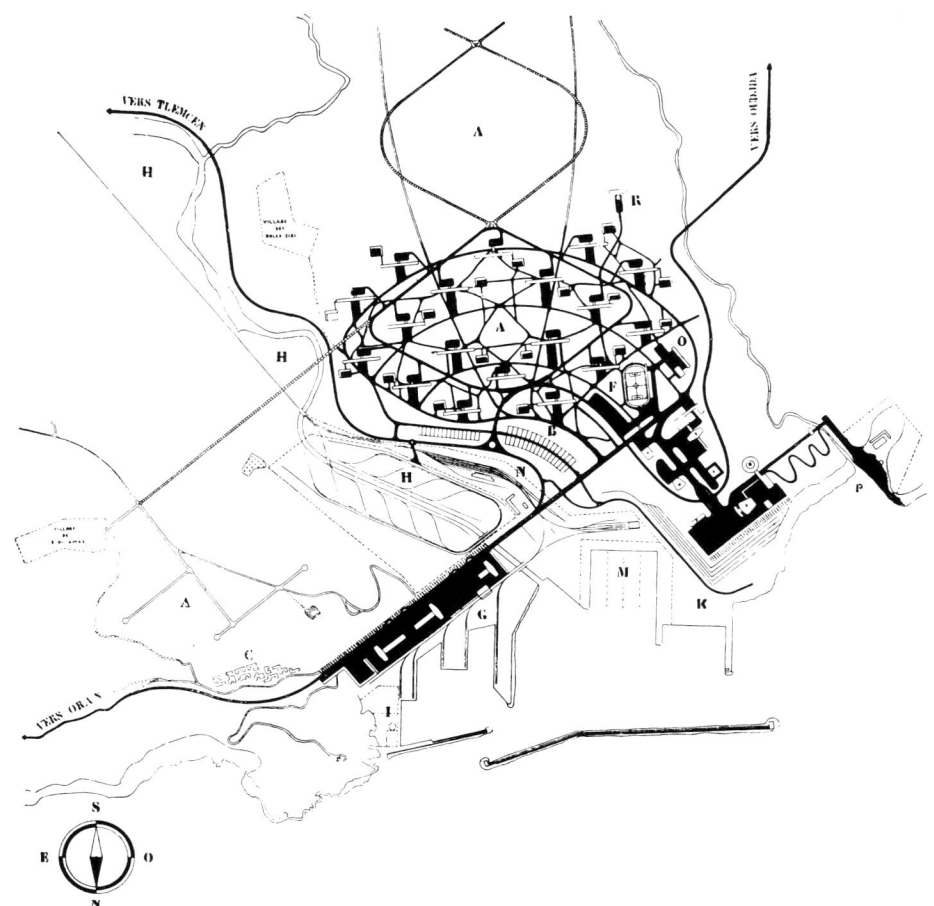

図38 1934年に企画されたアルジェリアのヌムール計画。A.高層住宅による居住地区。拡張用地を含む。B.一戸建の住宅地区, C.旧市街地 D.センター地区, E.観光案内所, F.スタジアム, G.鉄道駅と業務地区, H.工業地区, I.ガス・電気, K.港湾および水産業, M.軍事基地, O.学校, P.海浜, R.病院

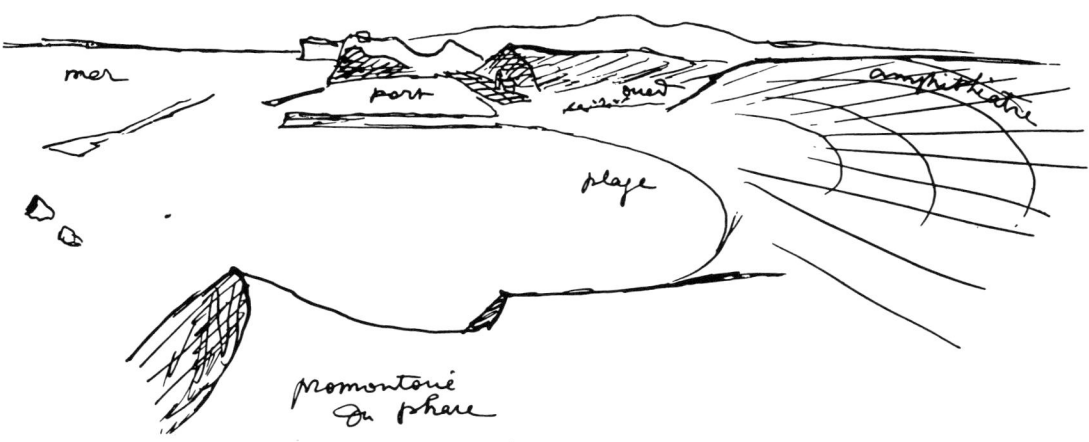

図39 ル・コルビュジエのスケッチによるヌムールの景観

図40 モンテビデオ計画のスケッチ，1929年。海の上にはり出している共同住宅と結合した高速道路計画が示されている。

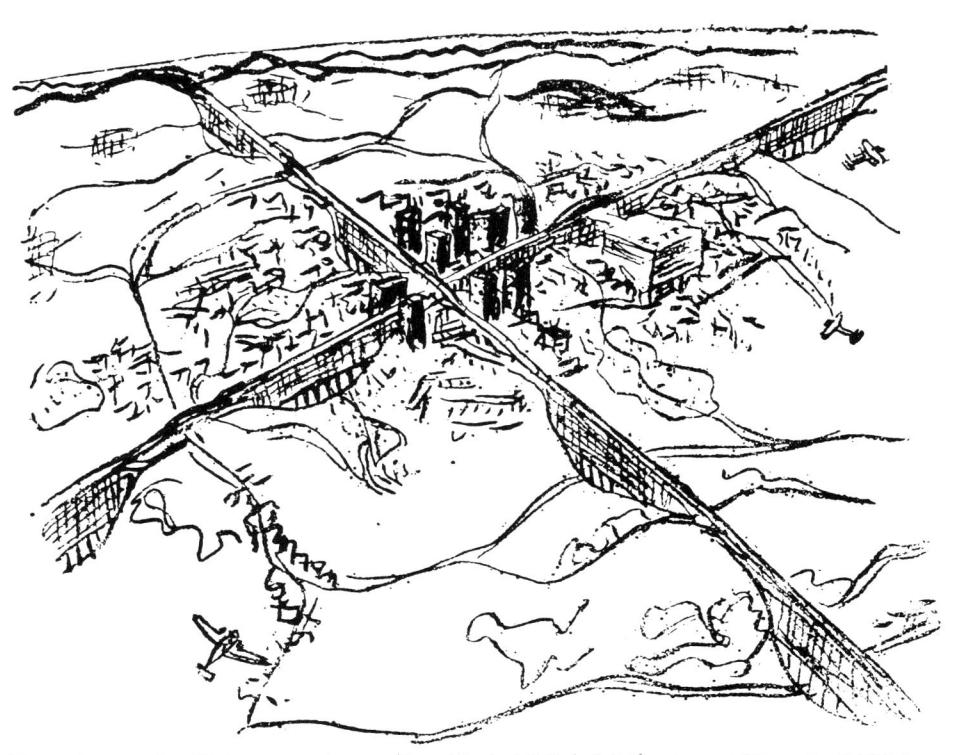

図41 サン・パウロ計画のスケッチ，1929年。高架高速道路を交差軸にして，道路の下は共同住宅になっている。

図42 リオ・デ・ジャネイロ計画，1929年。「このスケッチは飛行機の中で描いた。アイディアがひらめいたのだ」（輝く都市，1935）。

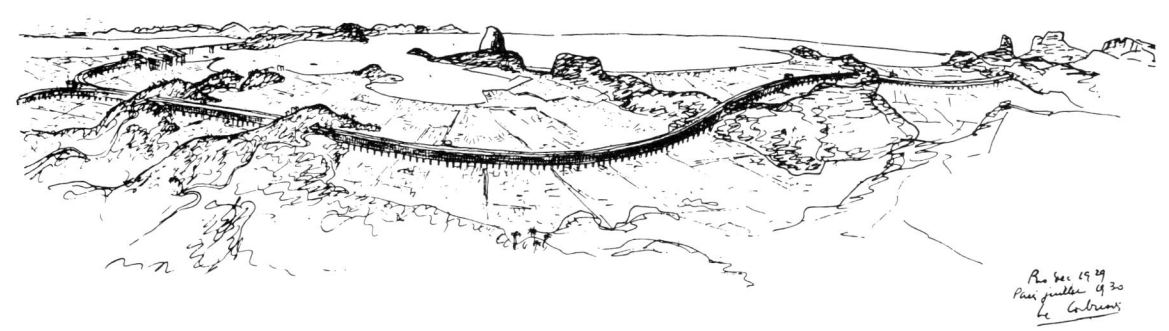

図43 「リオ・デ・ジャネイロ，それは熱帯植物の中にそびえ立つ荒々しい形をした楽園。都市計画家は，地形に支配された……今までは。しかし，もし現代技術の奇跡を，……そして創造的叙情詩を求めたなら，都市計画家は地形学に救われるだろう……今この野性的で手に負えない敷地が人間の手につかまれたのだ。筆舌に尽しがたいほどの交響曲の中で，自然と幾何学が調和して彫刻の詩が生まれる」著者訳。

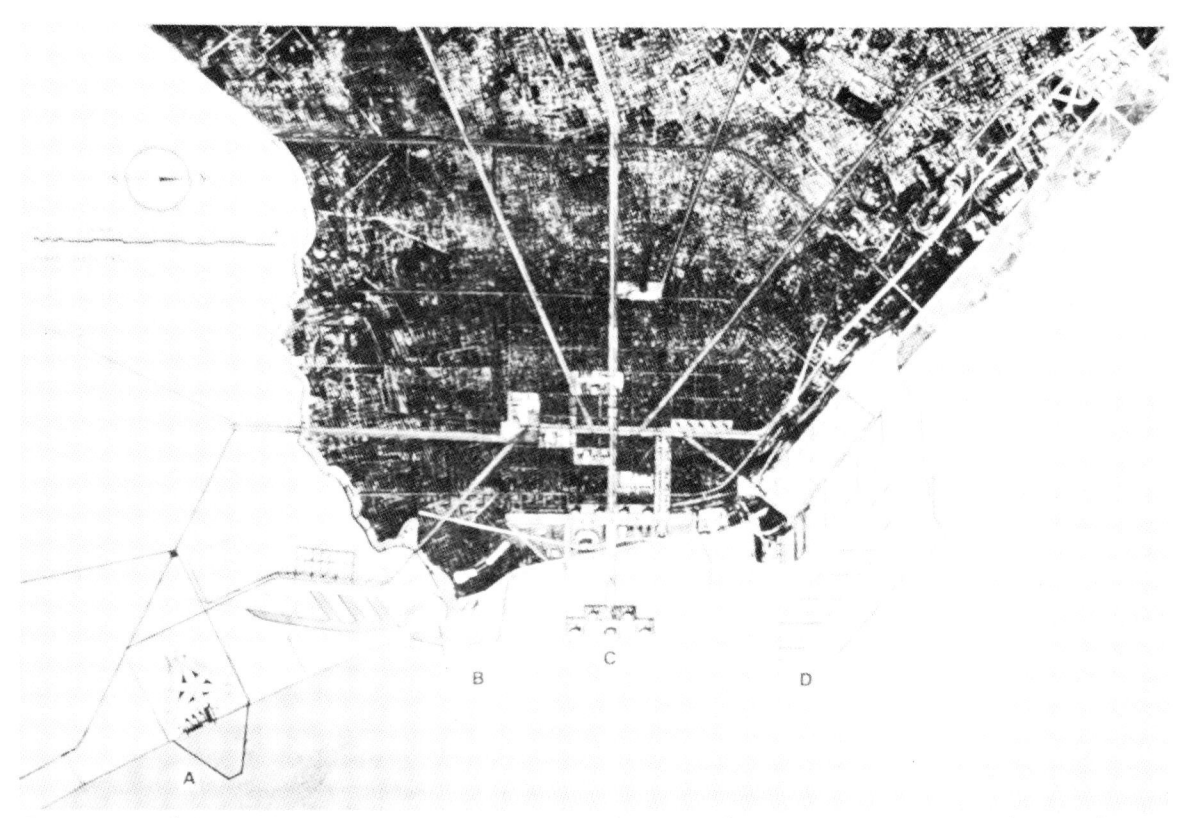

図44 1929年に着手された調査に基づいたブエノス・アイレス再開発計画。新しい港湾施設とともに，ラプラタ川に伸びる商業センターがつくられている。A.空港とターミナル，B.工業港，C.商業地域，D.商業港

図45 アルジェ計画A，1930。その下に共同住宅をかかえる高架高速道路が海岸線に沿って都心へつづいている。同様にフォール・ランプルールの高架になった敷地が曲がりくねった共同住宅のスラブによってできている。「どうしてフォールランプルールでこれらの曲線的な形を使うのか？．1.四方の広々とした水平線をながめるため，2.創造性を受け入れようと招いている景観を生かすため。水平線に応えることがさらに遠くへ運んでくれることになるのであり，風と太陽に応えることがより真実を求めることになる。なんという詩的な事象」（輝く都市）。

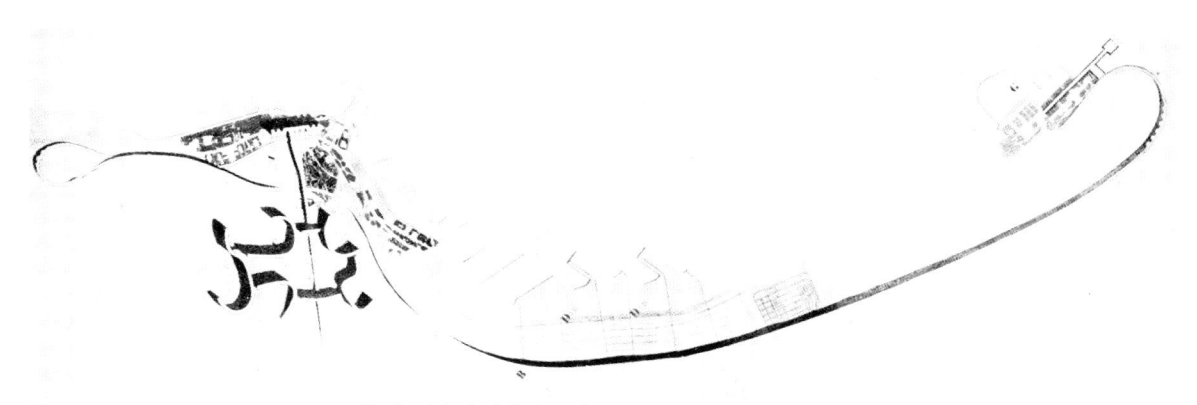

図46 ル・コルビュジエのアルジェ計画。高架高速道路のプランを示す。

図47 高架高速道路の下につくられ，オーナーの好みに従って建設された「人工地盤」。アルジェ計画，1930年。

図48 「アルジェの人々よ！ 今や高速道路の上，高さ100mの所にいる。トップスピードで走り抜け，下方に見える景色を眺める（なぜなら，われわれは，それを眺め，それを支配し，それを構成したから）。私は自分自身を欺いていない。だからあなた方に言おう，アルジェの人々，アルジェ市民は，全世界が見るべきこの現代都市を建設したのだから，誇らしく，幸せであろう」（輝く都市）。

図49 アルジェ計画B，1933年。ル・コルビュジエが提案した高架高速道路と，海岸の高層業務センターを示す。

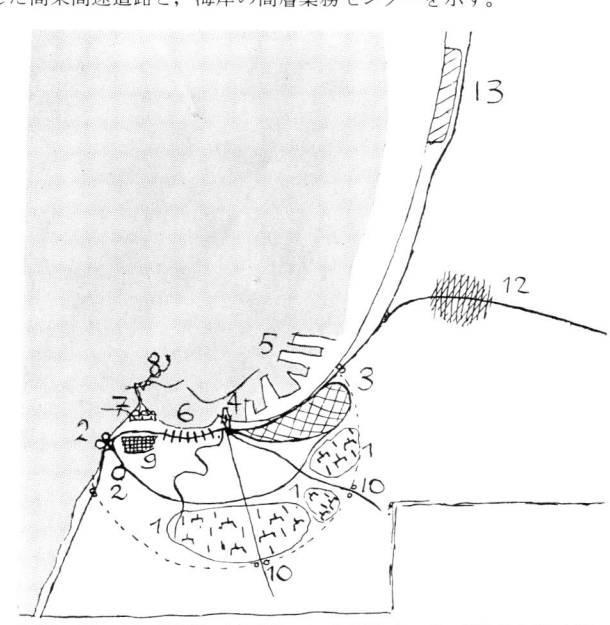

図50 アルジェ計画，1942年。1.共同住宅，2.丘陵部を通る巡回道路，3.崖下の小工業地区，4.超高層の業務中心街，5.港，6.海に面した官庁街，7.イスラム教徒の施設，8.海軍本部のある半島，9.カスバ，10.都市拡張の限界線，12.都市から離れている重工業地区，13.週末の行楽地

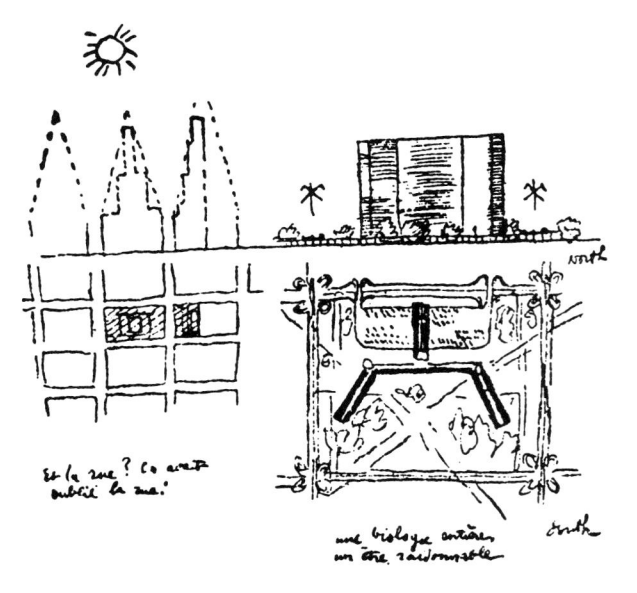

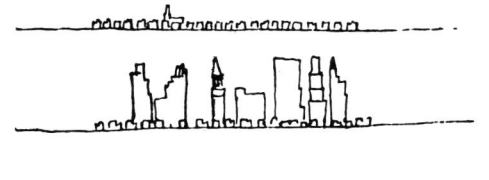

図52 ニューヨークのスケッチ、1935年。「最初の図は1900年までのニューヨーク—輸送の機械的な手段ができる以前のすべての伝統的な町と同様である。2番目は1935年まで—現代都市の出現、すなわち建物の高さが獲得された。摩天楼は小さ過ぎ、まだ、その足元には家々がひしめいていた。今日の危機は、機械以前の時代から生き残っている街の骨格の上に現代都市を重ねてつくってしまった結果である。3番目に示したような形に変えるには広範で考え抜かれそして現代の尺度に合った大事業を伴う」(ル・コルビュジエ全集1934—38)。

図51 ル・コルビュジエがニューヨークの摩天楼と図式的に表した自分のデザインとを対比させたスケッチ(伽藍が白かった時、1937年)。

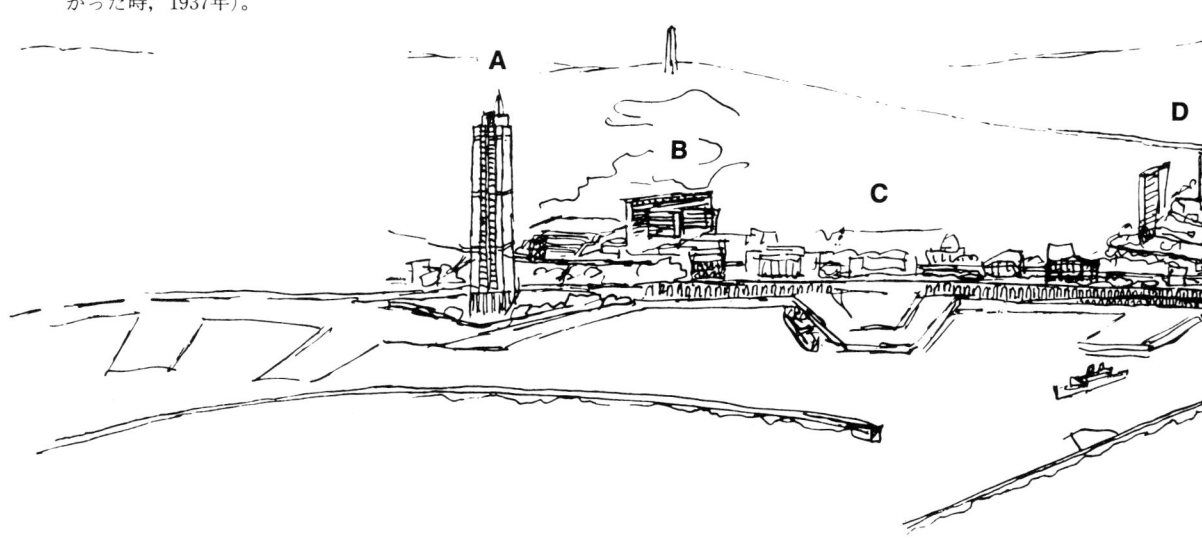

図53 1942年計画の提案を示すアルジェの眺め。A.業務センター、B.官庁街、C.港湾、D.将来の共同住宅のための敷地、E.カスバ、F.海岸地域の回教徒施設。

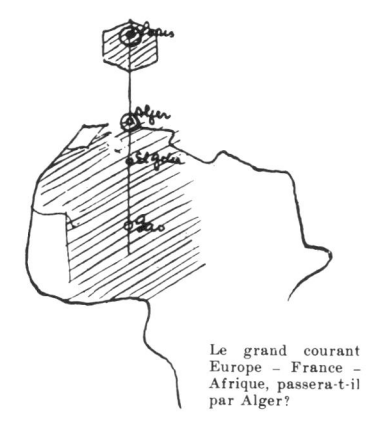

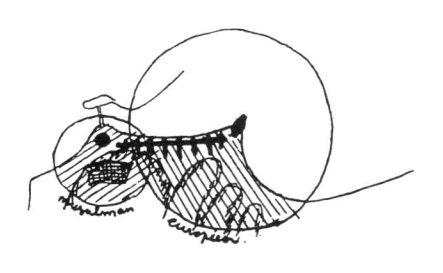

Le grand courant Europe – France – Afrique, passera-t-il par Alger?

A droite, la cité d'affaires, en proue de la ville européenne. A gauche, le point noir situe les futures institutions indigènes placées au pied de la Casbah (épurée). Entre les deux centres, indigène et européen, se situera le centre civique d'Alger (sur le terre-plein lorsque les constructions actuelles seront frappées de vétusté).

Alger, point de contact des civilisations occidentale et indigène.

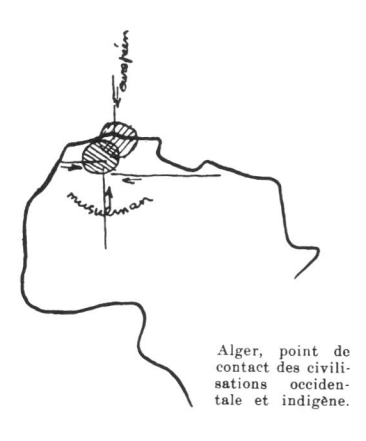

図54 アルジェの1942年度マスタープラン。ル・コルビュジエは，回教とヨーロッパの2つの文化の出会いという点から都市を構想した。

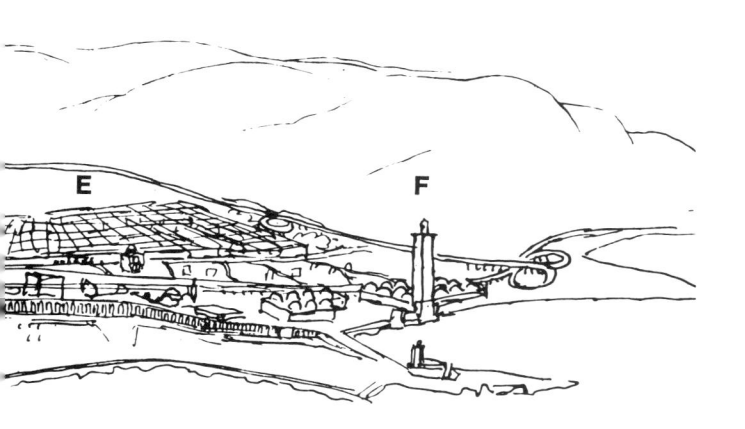

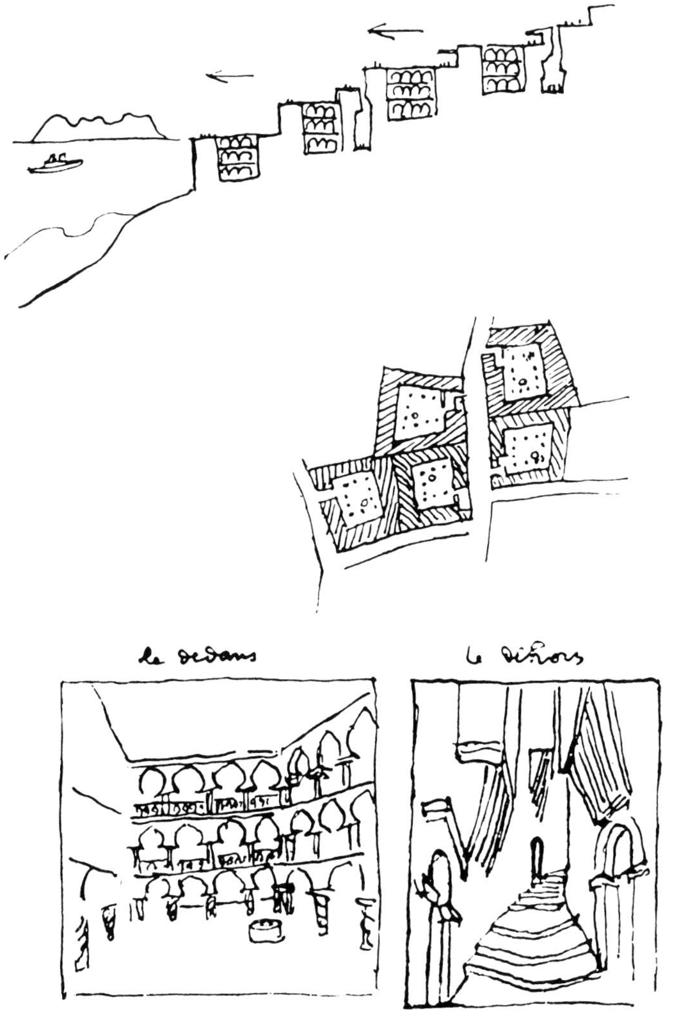

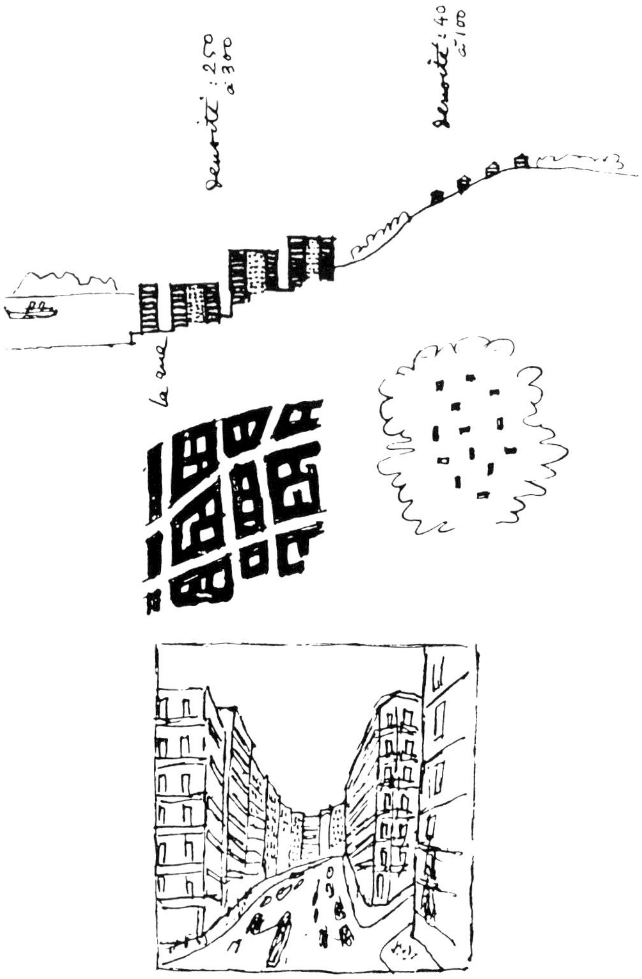

〈URBANISME EURDPEEN〉：ncfaste
MESURES D'INTERDICTION FRAPPANT
DEUX USAGES NEFASTES

図56 アルジェのフランス地区のスケッチ。「ヨーロッパの都市計画は有害である。建築規制は2つの不要な慣例を生み出した。(a)街路と中庭に面した作られた街区、(b)郊外の敷地割り」(輝く都市)。

〈URBANISME ARABE〉：excellent.

図55 ル・コルビュジエによるアルジェのカスバのスケッチ。「アラビアの都市計画は優秀である。自然環境を構成する諸要素の認識、保護と組織化の適切な基準」(輝く都市)。

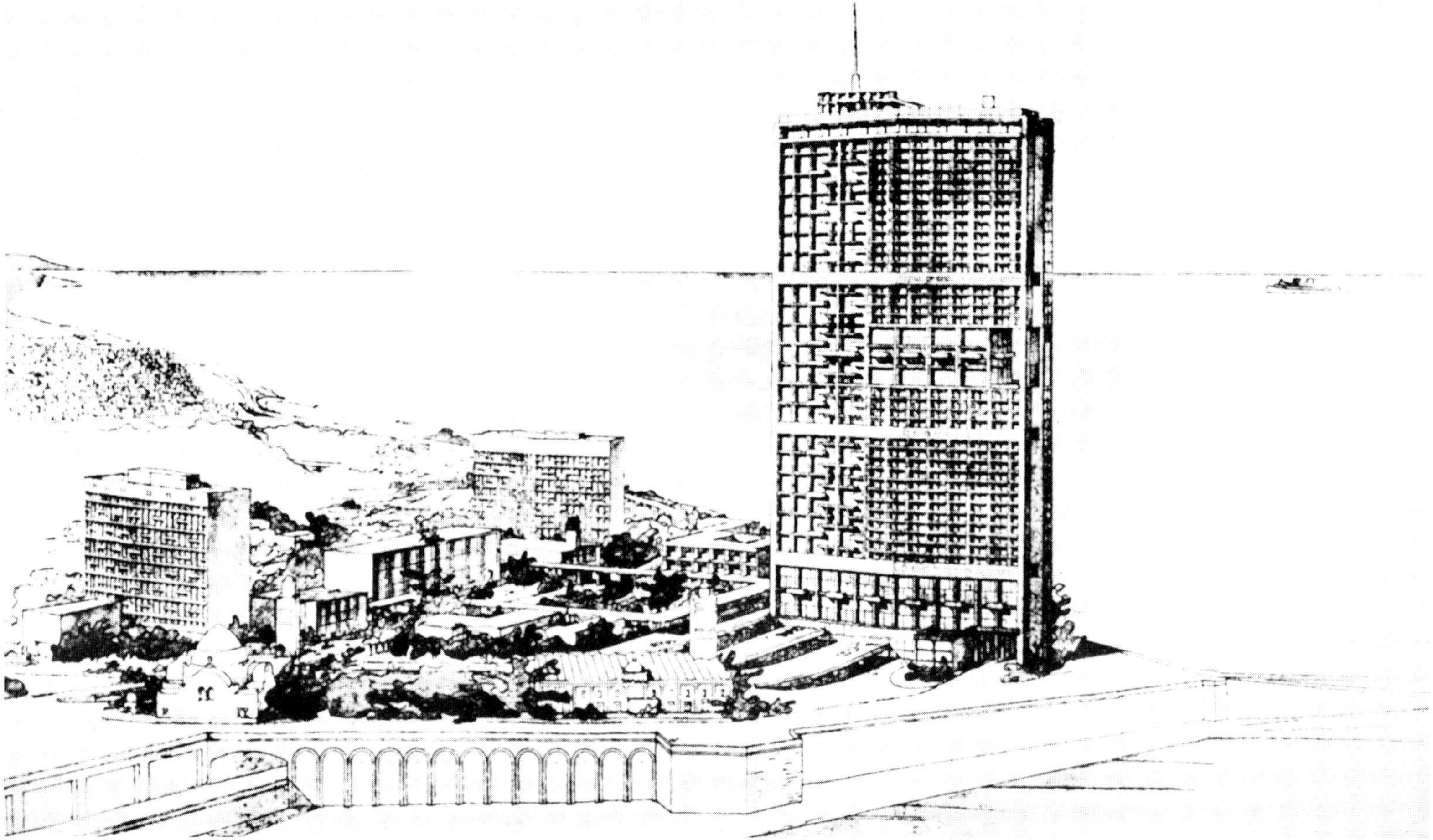

図57 アルジェの新しい臨海業務センターの提案、1938―1939年。この地区は1942年度マスタープランの一部を形成することになる。

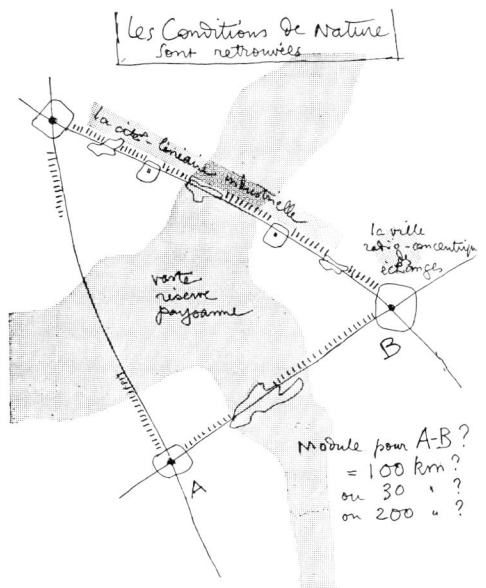

図58 3つの人間機構。放射・環状交易都市，線状工業都市，農業経営単位を結合させた地域居住のパターン。

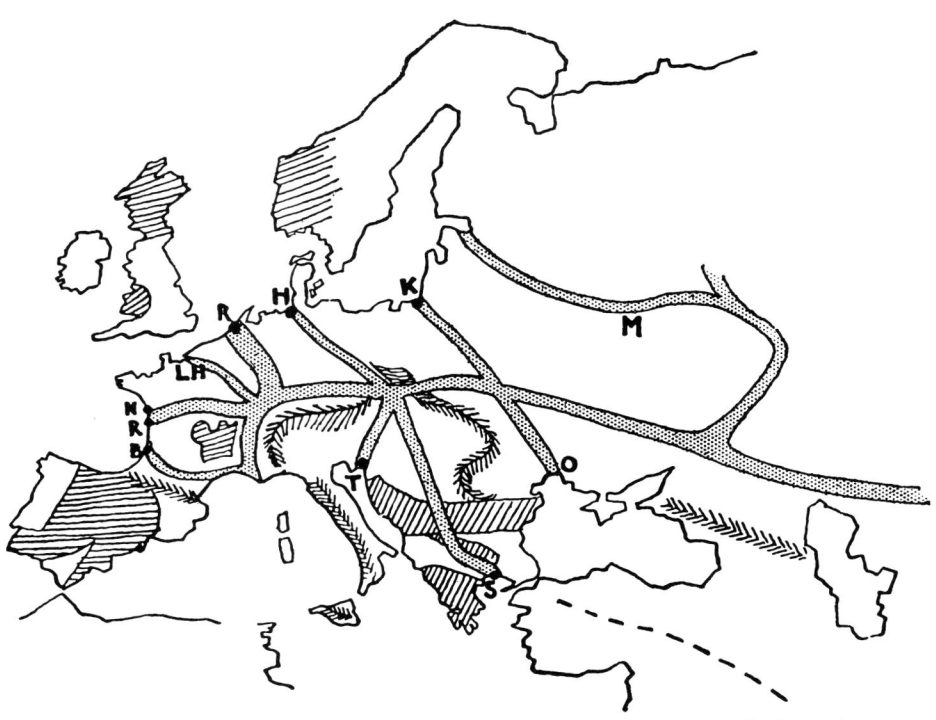

図59 ヨーロッパの線状都市開発の全体パターンについてのル・コルビュジエの概念を示す。
「社会は南極から北極まで，地表を含めて広がっている。世界は網目と，巨大な生産力，巨大な交通輸送手段から成る。これは，いまのところは地球上に引かれた鉛筆の線に過ぎないが，いつか別の人たちが，実際の線を引くことになるだろう」著者訳（ル・コルビュジエ全集1938—46）。アルファベットは港，インターチェンジを示している。ボルドー，ラロッシェル，ナント，ルアーブル，ロッテルダム，ハンブルク，ケーニスブルグ，モスクワ，オデッサ，サロニカ，トリエステ。

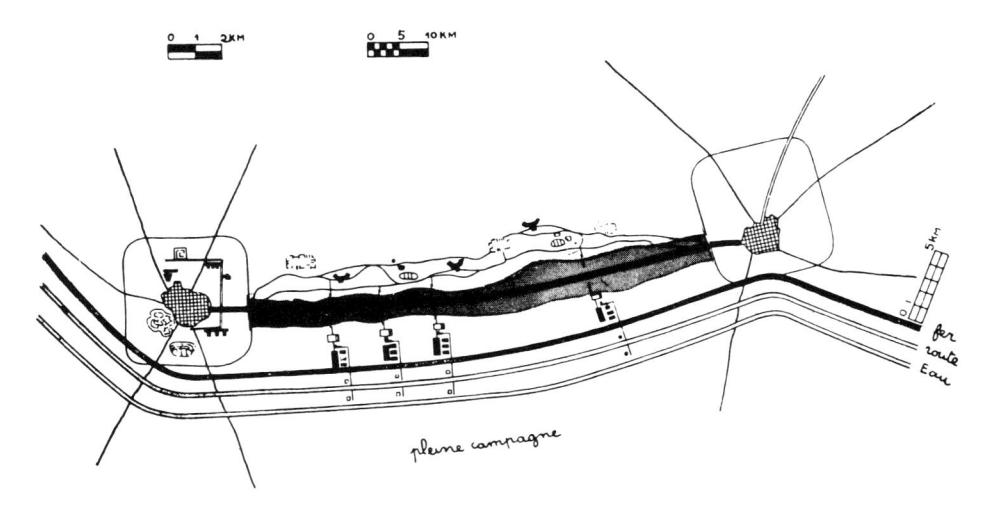

図60 線状工業都市の図式的ダイヤグラム，1942年。伝統的構成をもつ放射・環状交易都市は，交通主要幹線に従った工業と都市の発展パターンと結びついて政府および商業の中心として存続することになる。工場群は，鉄道，道路，水路に隣接し，一方，居住地区は，高速道路を含む緑地帯によって分離されて，工業地域に平行に位置する。

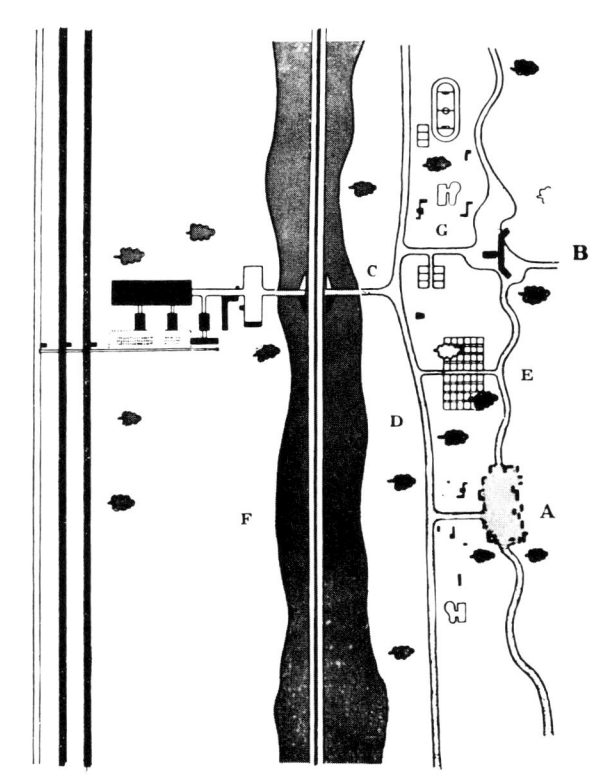

図61 線状工業都市の詳細。A.一戸建住宅，B.共同住宅，C.工場への道路，D.住宅と公共施設をつなぐ道路，E.歩行者用道路，F.工場と住宅を分離し，高速道路が中を走る緑地帯，G.公共施設地区（小学校，映画館，スポーツ施設等），H.工場，I.輸送路（鉄道，水路，道路）

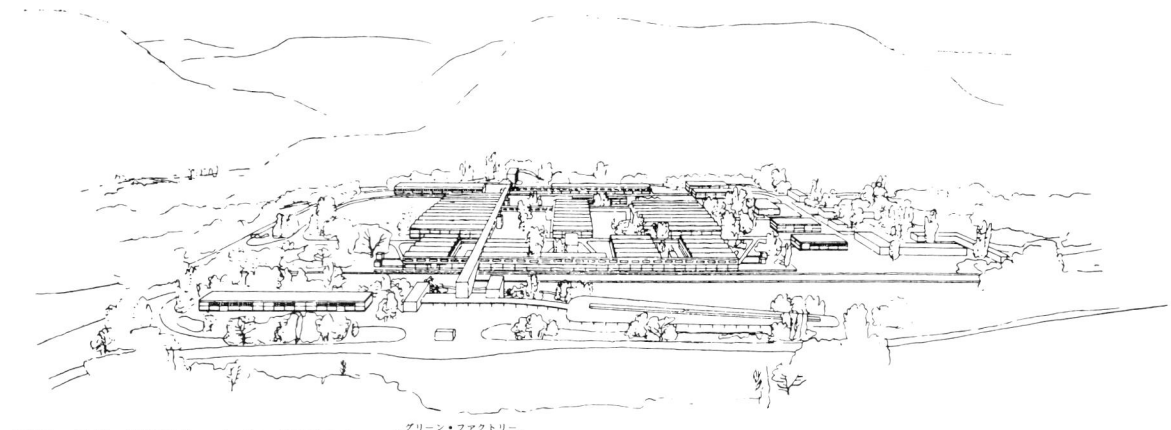

図62 線状工業都市のために計画された"緑の工場"

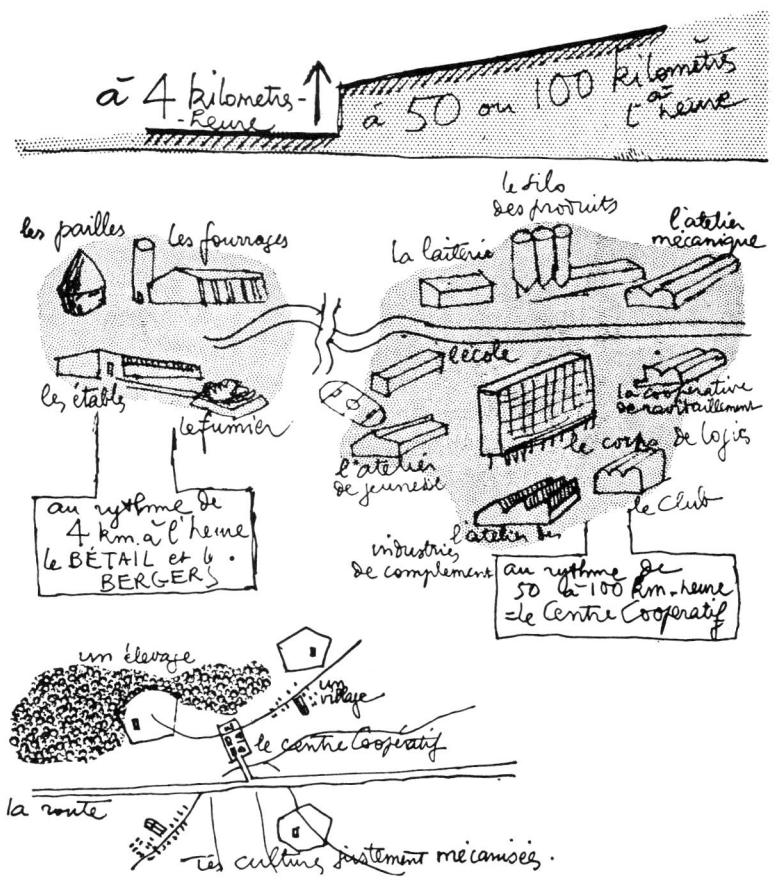

図63 個人農場，協同組合センター，高速道路を示す「農業開発ユニット」のダイヤグラム。

図64　1946年に計画されたサン・ディエのシヴィック・センター

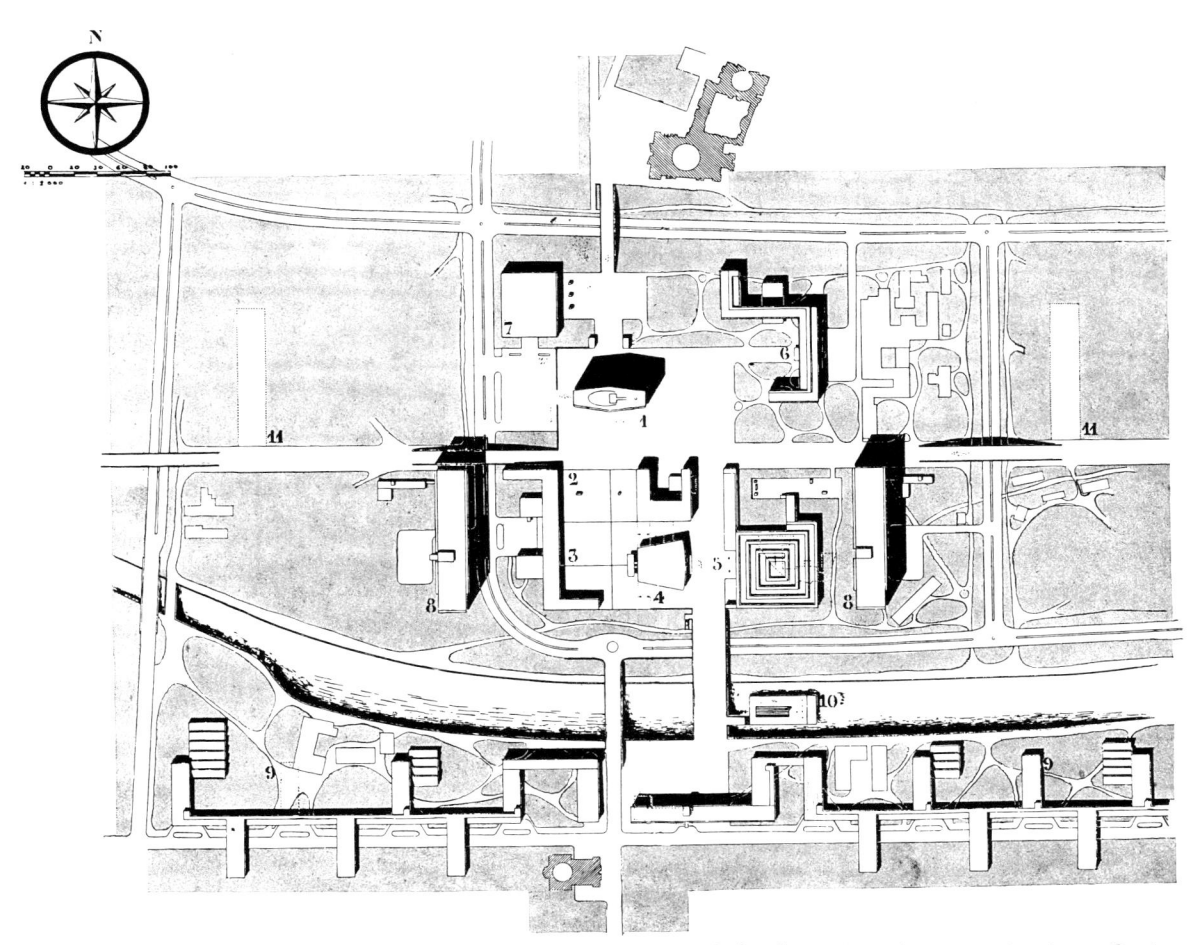

図65　サン・ディエ，シヴィック・センター配置図。1.行政センター，2.観光工芸センター，3.カフェ，4.コミュニティセンター，5.美術館，6.ホテル，7.デパート，8.即時建設可能な住居ユニット，9.工場，10.プール

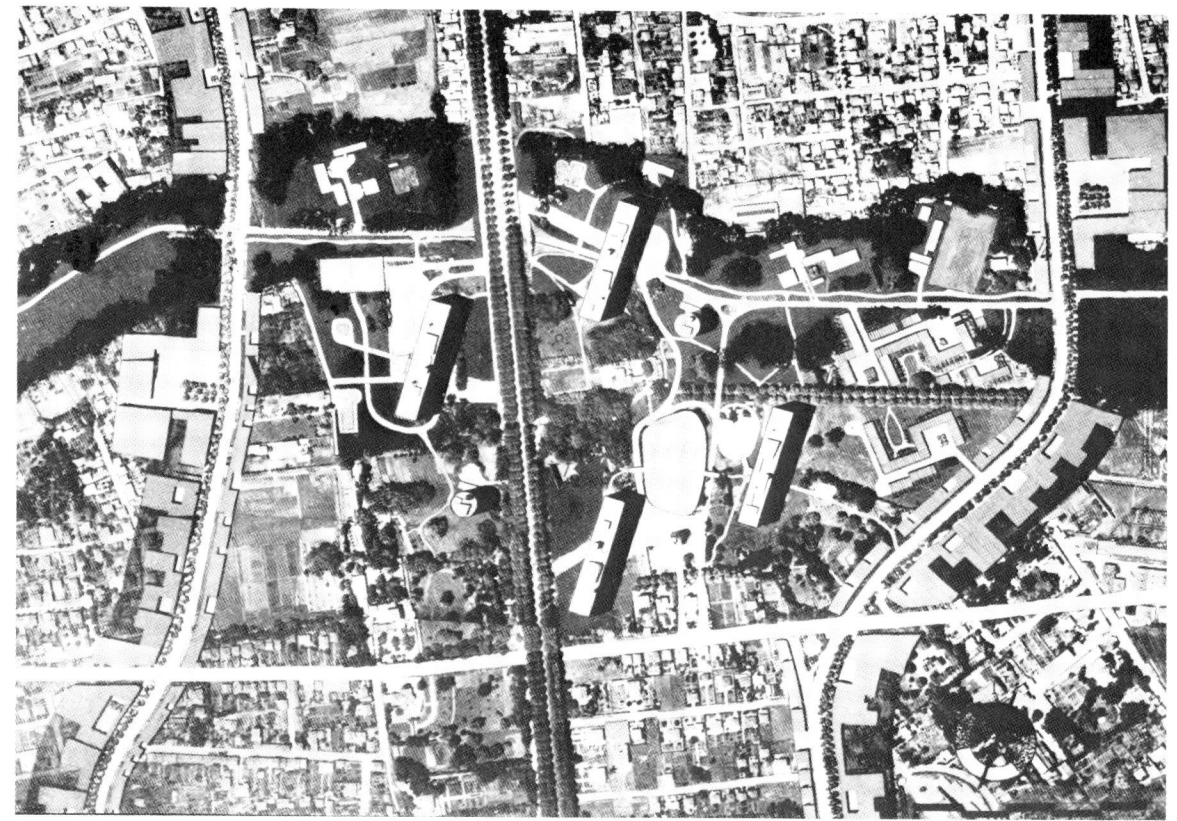

図66 ユニテ・ダビタシオンの住宅を計画した南マルセーユ地区，実際は左中央にある共同住宅が建設されているのみである。

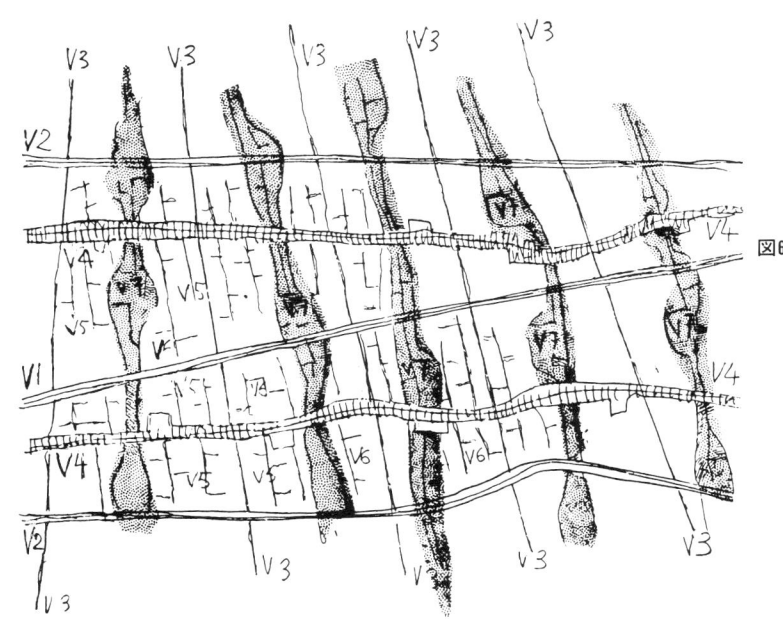

図67 マルセイユ計画のため，ル・コルビュジエは7Vと名づけた図に示すような交通分離のシステムを考え出した。V1は地方を結ぶ幹線道路を表し，V2は主要都市幹線，V3は住区を囲む自動車道，V4はショッピング通り，V5とV6は個々の住宅に至るための道路である（V6は，「内部の通路」または共同住宅の廊下として考えられた）。V7は公園の中に設けられ，学校，クラブ，運動場を結ぶ歩行者専用道路である。7Vシステムは修正されて，ボゴタ計画とシャンディガール計画で使われた。

図68 1945年マルセイユに計画された一群の共同住宅。おのおのの建築ブロック，すなわち，ユニテ・ダビタシオンはショッピング，スポーツ，子供の世話のための公共施設を含んでいる。

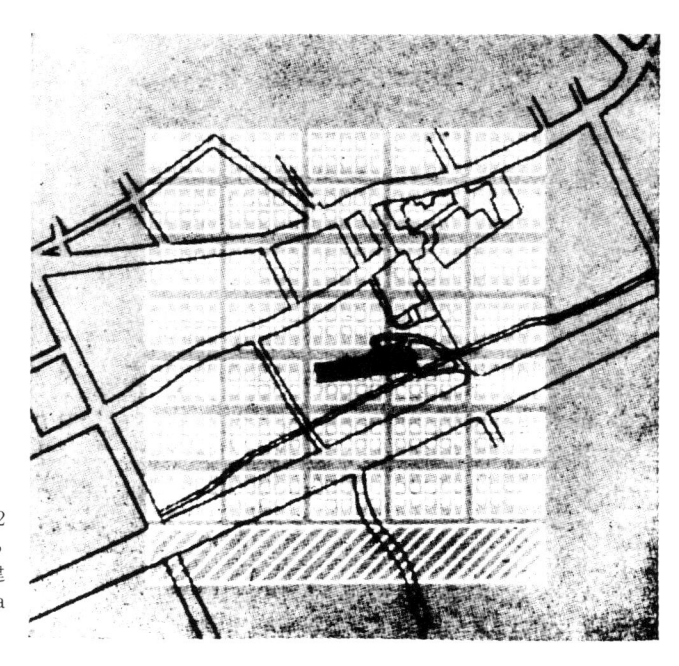

図69 マルセイユのユニテ・ダビタシオン，1947—52年。(小さい黒の四角は，公共的サービスのある360戸の住居を表す。広くて白い部分は，一戸建住宅360戸の住居を示す)（Creation is a Patient Search, 1960)。

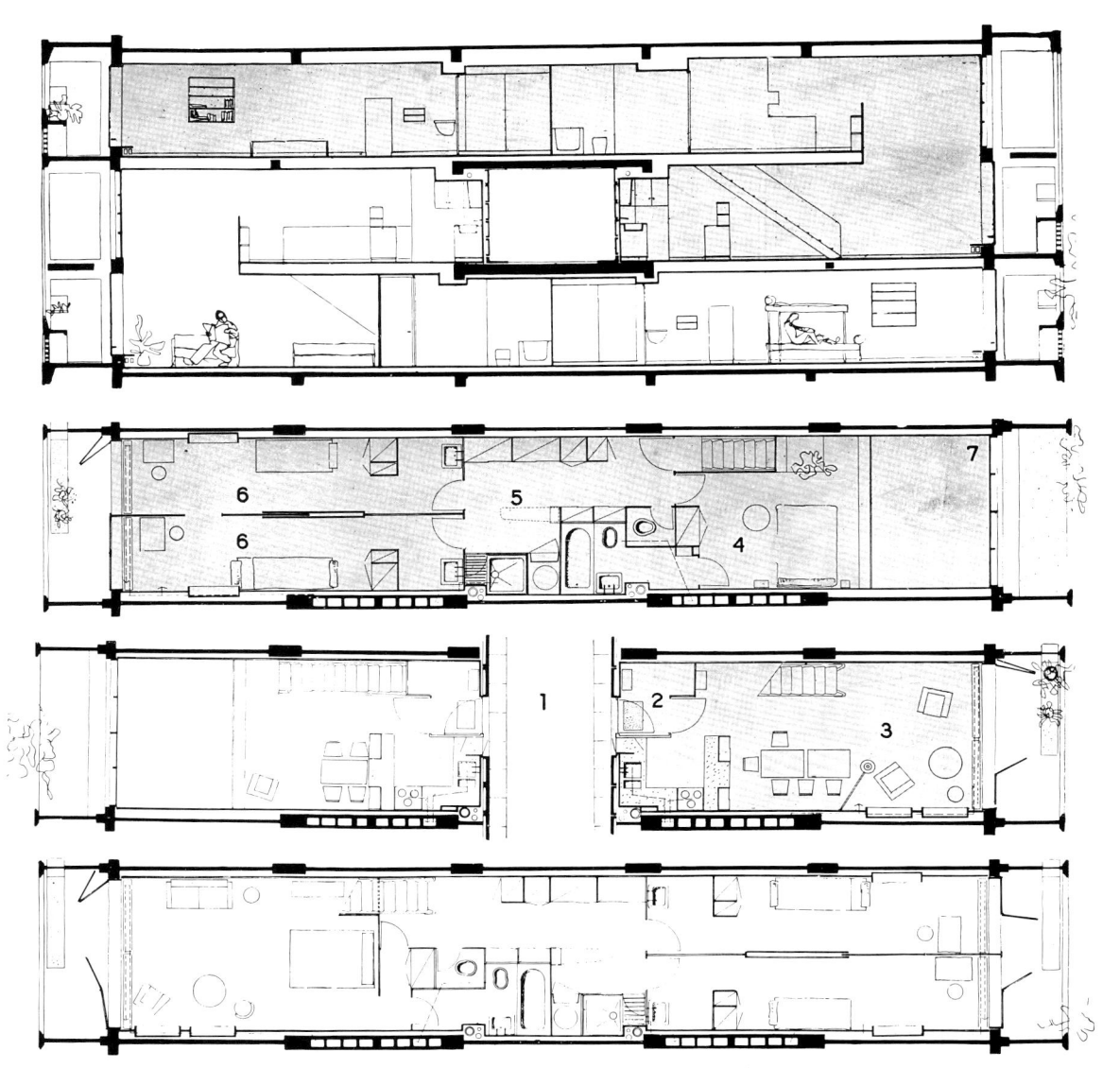

図70 ユニテ・ダビタシオンの標準的な住戸を示す断面図。この二層にわたる居間を含む住居ユニットのタイプは，1920年のル・コルビュジエによる「自由保有メゾネット」(イムーブル・ヴィラ) と，輝く都市のデザインから発展したものである。すべての住戸は建物の幅いっぱいを使っており，廊下への出入りは，住戸によって上階あるいは下階で交互に行われる。

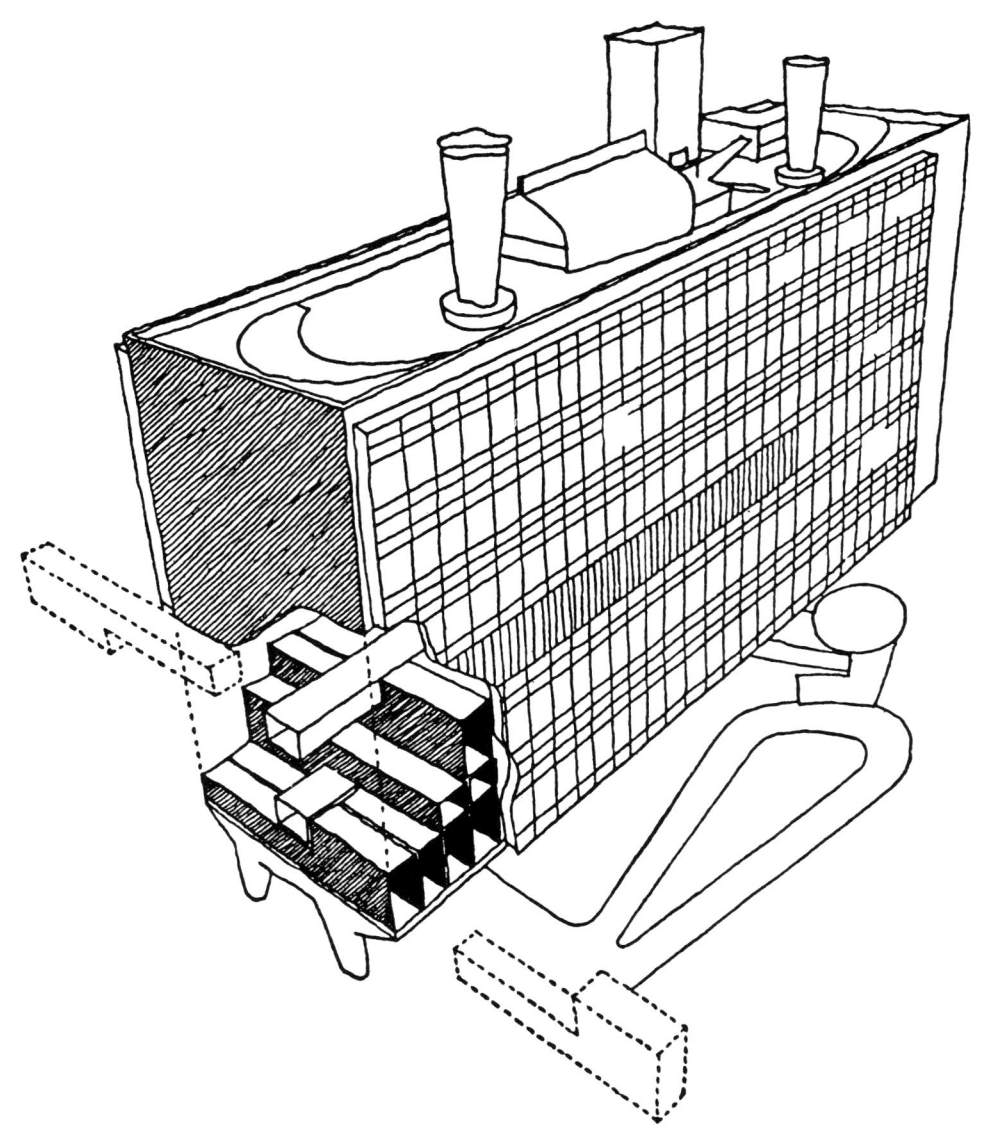

図71 ル・コルビュジエは，ユニテの住居単位が建物の構造フレームの中に「ラックの中のビンのようにおさまっている」と描写するのを好んだ。

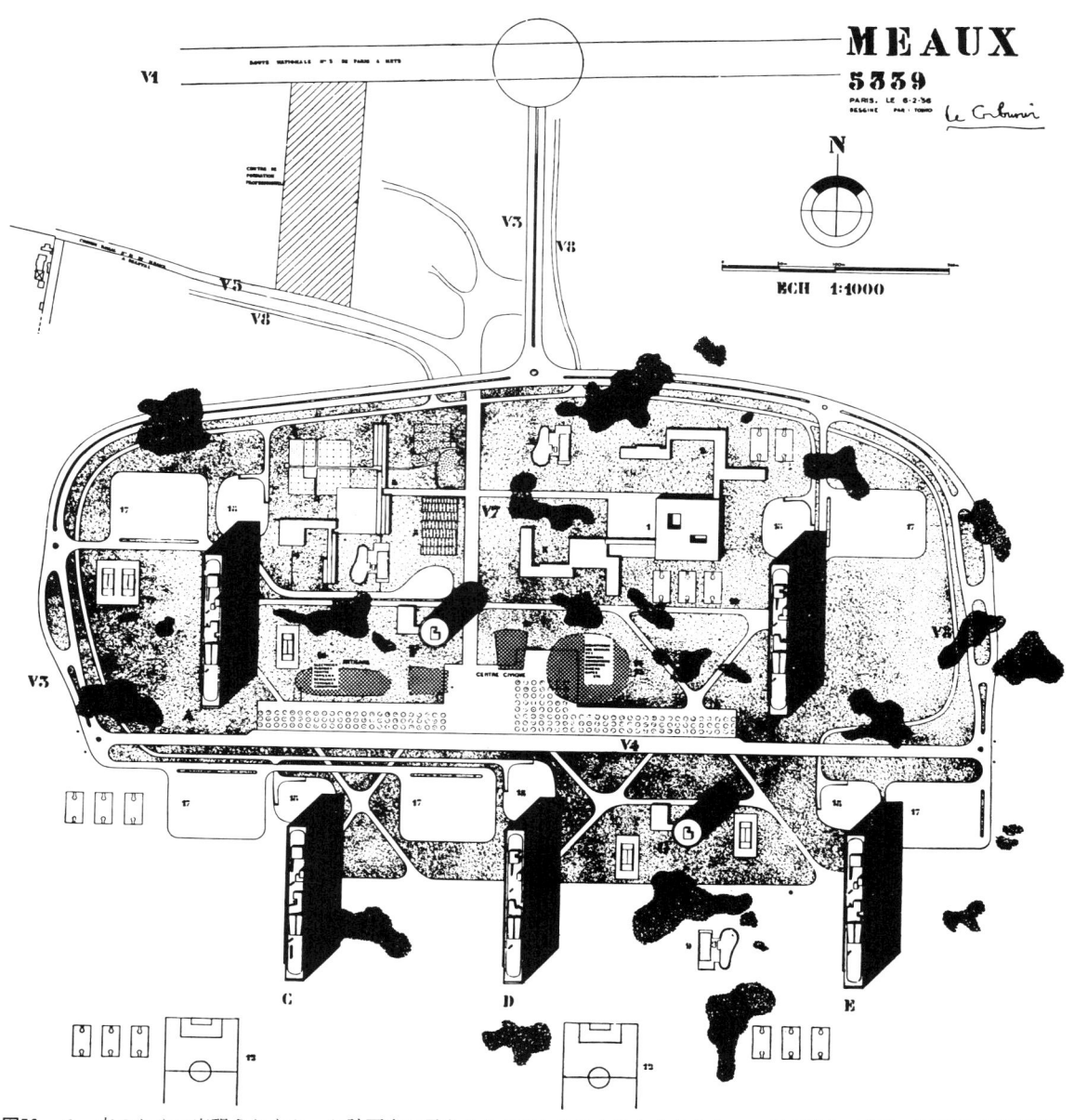

図72 モー市のための実現されなかった計画案に示された7Vシステムをとり入れたユニテの概念。1956—1957年。「『適正規模の住居単位』（ユニテ・ダビタシオン）の建設。この計画案は6年にわたる準備の成果である。だから，忍耐が必要である。ここには，車と歩行者を分離した交通システムを見いだせるだろう。もちろん，『個から全体』までに及ぶ用意もされている（学校，クラブ，駐車場，車や自転車の修理店，プール，戸口近くの遊び場，屋上の幼児学校，ユニテの中2階の食料店）。独身者のための宿泊施設である2つのタワーとホテルはコミュニティ生活に付加された重要な要素である。V4はアメニティと基本的なサービスを建物に提供している。：公共センター，映画館，図書館，社会保険，郵便局，消防署，警察署，事務所，喫茶店など……。このような快適環境の中の1万人の住居はV3とV8によって，近隣に用意された線状工業センターと直接結ばれる」（Creation is a Patient Search, 1960）。

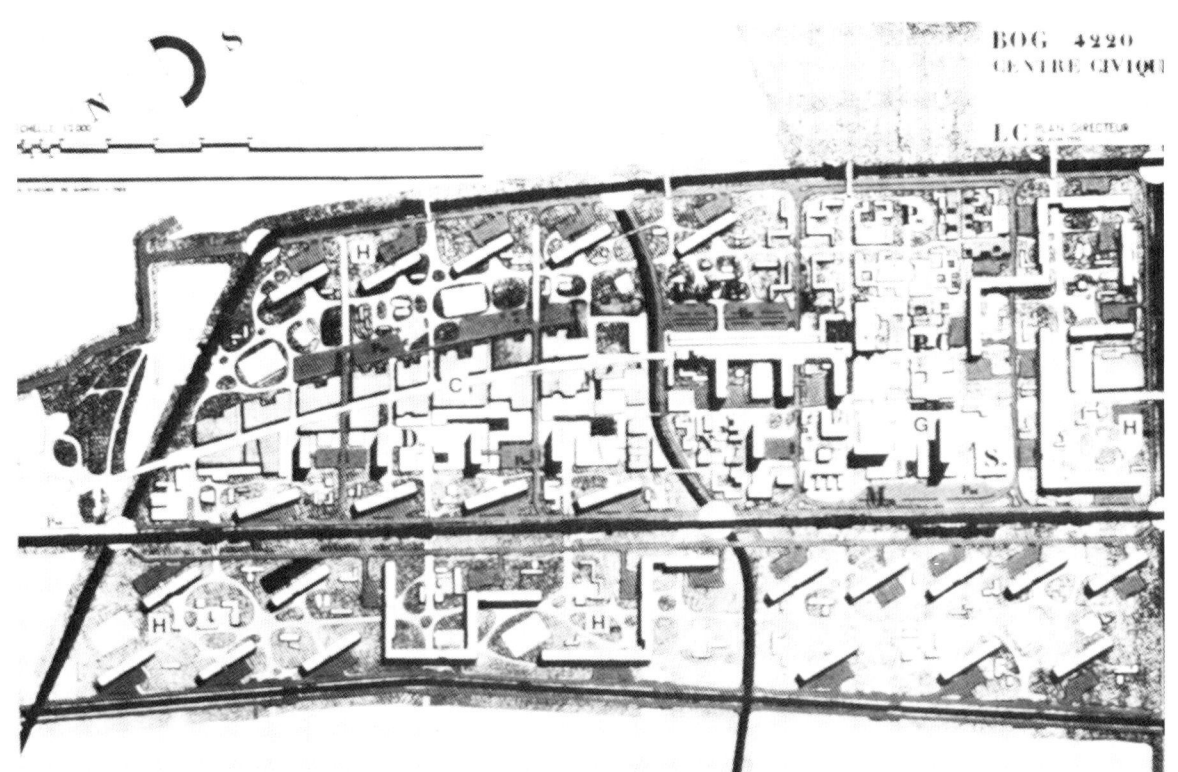

図73 ル・コルビュジエによるボゴタのシヴィック・センターのためのパイロットプラン，1950年。交通分離のシステムが採用されており，通過自動車交通は周辺部に制限され，建物への自動車のアクセスはコントロールされ，歩行者が都市内を巡れるネットワークが作られている。歴史的中心部(G)は新しい建物と既存のモニュメントを組み合わせて形成され，それは歩行者のみに開放されるだろう。既存の商業街路(C)は地区を文化センターと結びつけ歩行者の遊歩道になる。周辺地区(H)は共同住宅地区である。

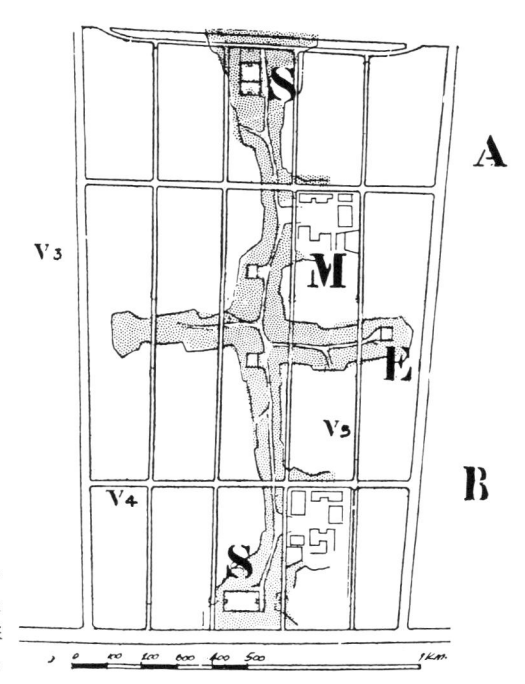

図74 ボゴタのために提案された住居スーパーブロックの図式的プラン。800×1,200mの区画は，すべて公園地区を含み，その中には学校とコミュニティ施設がある。交通分離の7Vシステムが採用され，主要道路と小道路から成るグリッドで構成されている。

シャンディガール

ル・コルビュジエは理論的都市デザイナーとしての名声にもかかわらず，もし，1950年11月，パンジャブ州の新首都の開発に関して，彼に接触したインドから来た2人の紳士*がいなかったら，彼は実現した都市計画に直接携わることなしに，生涯を終わったかもしれない。その申し出は多くの面で，見込みがないようであったが，ル・コルビュジエはしばらく躊躇した後で，そのプロジェクトに参加することに同意した。そして今や，辺鄙な地方の町シャンディガールは，彼のただ一つの実現案となっている。

ル・コルビュジエは，主にプランナーとしてでなく建築家の立場から参画した。首都パンジャブのマスタープランは，すでにニューヨークにあるメイヤー，ウィトルズィ，グラスの事務所（図75—76）によってデザインされていた。彼の仕事は，この計画を建築として実現することであった。しかし，都市デザインとの長期にわたる関係から見ると，ル・コルビュジエがそれを実行に移す際，いくらか既存案の修正を求めたことは当然であった（図80—81）。

彼は，シャンディガールに携わったデザイナーのグループの主要なメンバーであり，そのグループには，彼のいとこピエール・ジャンヌレ，そしてイギリスの建築家マックスウェル・フライ，ジェーン・ドリュー[100]がいた。仕事の分担から見るとル・コルビュジエは，マスタープランの全体的秩序づけと，主要な建築記念物のデザインに専心し，住宅デザインを含む都市構成の詳細設計は同僚たちに任せた。

シャンディガールは，インドの分割に続く危機下に誕生した。このとき，首都ラホールはパキスタン領になり，パンジャブ州は分割された。新都市建設の決定は，その必要性から生じたものだが，それはまた，この政情不安下にあって強さと創造性の象徴的な意思表明であった。植民地支配は終わりを告げ，インドは，一人立ちできることを示す機会，すなわち，自らの運命を支配し，自らの住家を治め，また，自然の猛威や，広大な大陸の上に，秩序のある活気に満ちた人間生活のパターンを刻みつけられることを証明する機会を得たのである。ネール首相は，この新都市を国家的重要性をもつ焦点とみなし，次のように語っている。「これを新しい町にしよう。過去の伝統という呪縛から放免されたインドの自由の象徴。未来に対する国民の信念の表現として」[101]。

シャンディガール計画はインドの独立の象徴を意味していたが，インドの技術

* パンジャブ州政府代表の2人。Starislaus von Moos, " Le Cordusier—Elemente einer Synthese"（『ル・コルビュジエの生涯—建築とその神話』住野天平訳，彰国社，1981年）に詳述されている。

者の不足から，外国のプランナーたちの比重が増すことになった。メイヤー事務所のつくったプランは，多くの面で西欧の都市デザイン理論を統合したものである。つまりそれは，学校，住宅，小さな商業施設，公園を含む近隣住区システムや，歩車分離システム，そして主要活動の分離ゾーニングを取り入れていた（図75—76）。敷地の北端に，政府機関の複合施設が計画され，商業地域は中心部に向かって配置され，工業地区は東側に集約された。

メイヤーらのプランは，〈田園都市〉派の偏愛する低密度でややピクチャレスクなデザインに支配されていたが，ル・コルビュジエは，原案の一般的特徴を多く残しながら，古典的にそして幾何学的にプランを修正し始めた。すなわち，主要道路をまっすぐ直線状に走らせ，いくらか不規則なスーパーブロックを長方形に修正した。彼はモニュメンタルな性格にあうように，大スケールでの統一性を都市に持ちこもうとした。つまり，新たな直線で囲まれた輪郭部の中に，商業街に集中する交差軸状にの伸る大きな並木通りを設定し，また，山の手へ伸びる北東軸の頂点に州会議事堂（キャピタル・コンプレックス）を配置した（図77—82）。

かつてル・コルビュジエは，シャンディガール計画に言及してこう語った。「私はパンジャブ州都として，ヒマラヤのふもとの平原に建つまったく新しい都市を構想した。建築家として，私は少額の予算を除いて自由に裁量をふることができた」。

「この計画は，アイデア，創作，イマジネーションへの大きな機会を与えてくれた。当局による計画は，町の住宅や公共施設に関してについても平凡で非創造的であった。そして，都市計画の基本的諸問題，つまり，経済，社会，倫理の諸問題は何ら明らかになっていない。そして，それらを克服してこそ，人類は文明の支配者たりえるのだ」[102]。

その計画案が孕んだあらゆる制約に加えて，シャンディガールは，それまでル・コルビュジエが計画を立ててきた工業化社会とはかけ離れた技術的社会的条件を彼に課すことになった。大スケールの機械化された輸送手段は存在しなかった。不十分な技術力と鉄不足で，高層建築物は不可能であり，また，気候や半村落的生活様式は，共同住宅を必要としなかった。

不慣れな環境に身を投じ，今までの好みにはあわない状況の下で仕事を強いられたものの，ル・コルビュジエはおそらくこれまでにないほど，最もめぐまれた後援をインドで受けた。彼の確固たる自信は，インド人たちを安心させ，一方，彼の視野の広さや構想の雄大さは，インド人たちの新都市に対する念願にうまく合致した。インド人官吏たちは，この計画に対して，協力的とは言い難いこともたびたび行ったが，行政官たちとの個人的なつきあいは全般的にうまくいったようにみえる。そしてネール首相は，このプロジェクトに非常に興味を示し，ル・コルビュジエの暖かい共鳴者となった。「インドは，おそらく他の

どの国よりもアイデアをもつ人を理解し，優遇している。そして，ル・コルビュジエは，この恩恵に浴したのである」[103]。と評されたこともあった。

ル・コルビュジエは，機械時代の要請を克服すべく終生探究した後で，工業化の波をほとんど受けていないこの環境と苦闘することになった。インドでの経験を描写して，彼はかつて次のように書き記した。「悩むことの多い昨今であるが，私はインドの地に安らぎを見いだした。この古くからの伝統の中で，人間は自然と隣り合せに住まい，また一方ではその猛威にも直面している。ここでは自然，動物，生物と触れ合い，屋外で眠り，また，ある種の愚かしい安楽—往々にして問題のある快楽—から解脱している。また私は，この土地で，普通の建築を凌駕する解決策を見いだすことに，全エネルギーを注ぐ機会を得た。それはあらゆる慣習のしがらみから解放された，真に人間的な問題にかかわるものである」[104]。

概括すると，シャンディガールの概念は，ル・コルビュジエの初期のデザインを支配していた堅苦しい幾何学から解放され，幾何学的要素とピクチャレスクな要素が混在している。建築と同様に，都市デザイン中のプロポーションの決定には，ル・コルビュジエが第二次大戦中に展開し，1947年に自らの発明と銘うった，伝統的な古典的オーダーをとり入れたプロポーションシステム，つまりモデュロールを使用した。基本ユニットである住区は，黄金比による800×1,200m（1/2マイル×3/4マイル）という寸法で形成された[105]。

州会議事堂（キャピタル・コンプレックス）や，他の建築物の計画に繰返し使用されている800mという寸法は，ル・コルビュジエの賞賛した母国パリのモニュメンタルな構成の中にも見られる。

パリでは，ルーブル宮からコンコルド広場までが800mであり，コンコルド広場からクレマンソー広場までも800mある。一方，コンコルド広場を通り抜けている800mの軸の両端は，マドレーヌ寺部と下院である。シャンディガールでは，商業センターと州会議事堂（キャピタル・コンプレックス）の間にある記念通りの長さは，エトワール広場とコンコルド広場の距離に対応している。まったく新しい都市パターンを秩序づける際，ル・コルビュジエは，彼が親しんだ愛する都市の寸法に示唆されたことは不自然ではないが，これと対応する都市建築が欠如していることで，インドの首都のモニュメンタルな効果は損われたかもしれない。

シャンディガールの計画にあたって，ル・コルビュジエは以前にボゴタ（図73—74）や，南マルセイユ（図67）で用いた「７Ｖの理論」と名付けた交通分離計画を取り入れた。ル・コルビュジエの計画においては，常にある程度の交通分離が示されているが，７Ｖの理論は，十分に組織化され普遍性のある交通分離システムの試みである。それらは，幹線道路から共同住宅の通路へと至る７段階の循環システムから構成される（図77—79）。

シャンディガールにおける７Ｖシステムの明確な構成は，以下のようになる。Ｖ１は，都市から郊外へ導く地方道路である。一方，Ｖ２は，都市内にある２つの大きな直交する通りである。それらの一方は，中心地区と州会議事堂(キャピタル・コンプレックス)をつなぐ記念通りである。また他方は，文化-商業軸を形成している。Ｖ３路線は，居住地区を取り囲み，市内のグリッドパターンを構成し，高速交通用につくられた。この路線沿いの正面開発は禁止され，各セクターは内側で収束するように設計された。各セクターを長手方向に２等分するものが，バザー通りＶ４であるが，これはやや不規則な通行路を形成し，ゆったりしたさまざまの往来がある。この通りは近隣住民のショッピングに供し，歩行者に日影を確保するためと，過度の交差交通を減らすために，南側にのみ移動店舗が並んでいる。Ｖ５はＶ４と交差する環状道路であり，主に区域内の交通を分配する機能をもつ。一方，Ｖ６は住宅への付加的なアクセス道路である。学校がその中心にある細長い公園が各セクターへ広がり，都市のいたる所へ帯状に連続したオープン・スペースを供給し，Ｖ７の歩行者道がその中にある[106]。

ル・コルビュジエは，偏愛する生物学的アナロジーを道路システムに応用して，次のように述べている。「都市計画における７Ｖの理論は，あたかも生物学における血液の循環，リンパ作用，呼吸作用のようなものである。生物学では，これらのシステムはまったく合理的なものであり，それぞれ異質であるが，混乱もなく，さらに調和している。これらは秩序を生みだすのだ。この世にこのシステムを送ったのは神である。足元の大地を組織編成するときに，これらのシステムからわれわれが学ぶことは多い」[107]（図67）。

トラック，自動車から自転車，荷馬車までさまざまな交通が広く混在するのがインド都市の特徴であり，このため精巧な交通分離システムが正当化されるのだが，実際にはシャンディガールにおける自動車交通への十分な対応は，現況への対応というより，将来の機械化を予期したものという性格が強い。それゆえに，このシステムの意図が成功したかどうかが試されるのは，都市交通量，特に自動車交通量が十分多くなってからであろう。

初期のドローイングを見ると，ル・コルビュジエは，州会議事堂(キャピタル・コンプレックス)関係地区と中央業務地区の両方に，いくつか高層建築を建てたいという欲望をもっていたのがわかるが，技術的かつ社会的状況は，シャンディガールを優先的に低層都市であると決定づけた。都市の建築的構成は，環境制御に対するル・コルビュジエの長期にわたって身につけた好みを反映している。例えば，建築タイプの単純化や建築形態の定型化など。公邸は，標準化されたデザインパターンに従い，一方，個人住宅は建築的にコントロールされていた。近隣店舗は，詳細デザインに合わせて建てられた。また，中央業務地区は，コンペ形式によるという内規がありさまざまな建築が可能であったが，ル・コルビュジエの前もって

決めたプランによって，おのずと制約をうけた。

ル・コルビュジエによって最終的に展開されたように，中央業務地区は標準的な4階建のコンクリート建築によって，建築的統一がなされた。その高さは，ほとんどのオーナーの経済的余裕の範囲内に収まるように，エレベーターなしですむ建築規模と，地震の可能性によって決定された。内部空間は，建設者の要求に従ってつくられたが，外部空間の処理は，外部ベランダをつけるという，デザイン規定に従うことが要求された。そして，1階のベランダは3.6m幅の連続した歩行者用シェルターになっている（図83—84）。

中心地区の一連の建物の中で最も大規模な建物は，10階建の郵便電信ビルで，中央広場の焦点になっている（図83）。中央業務地区は，歩行者用の地域としてデザインされ，自動車のアクセスは周囲に限定されたが，交通のためのスペースやオープン・スペースの面積は過大であり，気候や周囲の建物の規模からいくと，一般的に不適当なようにみえる。重要であり象徴的な州会議事堂(キャピタル・コンプレックス)と，他の記念碑的な建築物全体をバランスさせようというデザイン上の努力がなされたかも知れないが，象徴の意図，あるいは全体を支配するような建築が欠けているので，中央業務地区は，視覚的にも機能的にも成功しているとは言い難い。

ル・コルビュジエが最も力を入れたのは，都市の象徴的焦点である州会議事堂(キャピタル・コンプレックス)複合施設である（図85）。高等法院（図87），議事堂（図88），総合庁舎（図86），そして（初期の）総督公邸（図89）を含む州政府センターは，都市の北端におかれオープン・スペースで囲まれている。

広々とした平原，北の眺望をさえぎっているヒマラヤを眺めながら，ル・コルビュジエは，800×400mの区画を含むプランによって基本的に整理された大胆なスケールの総体的効果(アンサンブル)を考えついた。しかし，それは遠くの連山を背景にしたり，掘出土による小山を後ろにしたり，プールに反射させたりして，マッシブな建築形態を交錯させるという視覚的効果に依存したものだった（図88）。周囲の景観にあわせて，物理的なコミュニケーションを容易にするというよりはむしろ，見渡したときの視覚的衝撃を狙ってデザインされた地区であるため，複合施設は巨大となった。この複合施設を設計するにあたり，ル・コルビュジエは次のように述べている。「あの巨大な果てしない土地で，不安と煩悶の中に決定をしなければならなかった。悲痛なる自問自答。私は一人で評価し，決定しなければならなかった。もはや理性の問題ではない。ただ感覚(センセーション)の問題である。シャンディガールは支配者や君主や国王の町のように，城壁をめぐらされ，隣同士が重なりあっているような町ではない。平原を埋めることが先決だった。図形的な操作は，まことに知的な彫刻なのであった……。つまり空間との闘いであり，心の葛藤である。算術的，組成的，図形的なものすべてが，完成されたときにみえてくる。いまは牡牛や山羊たちが[108]（図91—93），農夫に追われなが

ら，太陽に焦がされた野原を横切るだけである」。

議事堂地域は，全体として歩行者用プラザとして考えられた。自動車交通は，掘割り状になった濠を通して駐車場へ導かれる（図82，85）。この建物群の基本的モチーフは，やや非対称な直交軸である。その一軸は，商業地区から伸びる記念大通りの延長線であり，もう一つは，州会議事堂（キャピタル・コンプレックス）の中を走る歩行者用道路となっている。総合庁舎の長いスラブが左側に伸び，議事堂に隣接している。一方，高等法院と議事堂は，もう一方の軸である450mの歩行者用道路の両端に位置する。

この地域の中心部には，ル・コルビュジエの都市計画の原理が装置化された一連のモニュメントがあり（図90），一方，この複合施設の北端に，丘を背景にして立つのが（最初は，総督公邸のために用意された敷地であったが），知識の美術館と，ル・コルビュジエによりデザインされた26mの高さをもつ，巨大な開かれた手の形をもつ象徴的な彫刻記念碑である（図94）。

これらのモニュメントはル・コルビュジエに助言したジェーン・ドリューにより提案されたもので，そのとき，彼はこう述べたのだった。「あなたの哲学の基本原理を象徴し，そしてあなたが芸術としての都市デザインを理解しえたものの証しを議事堂施設の中心部に建てよう。それらは，シャンディガール創造の鍵であり遍（あまね）く知れわたるべきである」[109]。

また，モデュロールによる一連の比例，モデュロールを表す〈調和の螺線〉が象徴的に示されることになっていた。付加されたモニュメントは，「人間の行動を支配する」〈24時間〉と，夏至と冬至の間に太陽がたどる道を表すものとしてデザインされた。「この太陽が人間を支配するのである。敵，味方の関係なく」[110]。そして，〈陰影の塔〉は太陽光を防御する原理を表している。知識の美術館への道の近くには，インド分割による殉教者のために一つのモニュメントが計画された（図94）。建築家たちが時として，シャンディガールのモニュメントと呼ぶ〈開かれた手〉は，1948年，パリで着想され，「それからの間ずっと，それは私の心をとらえ，シャンディガールで初めてその姿をあらわした」[111]。そして，ル・コルビュジエは次のように述べている。「このシンボルは，自然発生的に生まれた。もっと厳密に言えば，人間を切り離して，たびたび敵をつくるという苦悩とか，不調和という感情から生まれた省察，あるいは精神的な葛藤の結果として生まれた。……〈開かれた手〉は，少しずつ大きな建築的構成になる可能性をもっている」[112]。

しかし，ル・コルビュジエ自身にとってのモニュメントであるこの〈開かれた手〉が，州会議事堂（キャピタル・コンプレックス）施設の中に入っているのがふさわしいのかと疑義を呈する人もいたが，多くの人たちは，それらのモニュメントの象徴性を正当に評価した。あるインド人の技術者が，ル・コルビュジエ宛に手紙を出した。「私たち

にはラム=バローザという言葉があります。これは究極的なものに対する深い信仰です。それは，〈知識の究極の源〉に対して意志を棄てることから生まれる信仰であり，報酬を求めないサービス，またその他多くのことを意味します。私はその誠実の中に生き，あなたの手によってつくられる安全を保証された新都市の構想に至福を感じます。私たちは謙虚な民です。振りまわす銃を持たず，人を殺すための原子力というものを持ちません。〈開かれた手〉というあなたの哲学はインドにアピールし，あなたの〈開かれた手〉から得るものが，われわれの建築および都市計画の中で，新しい発想の源になるようにと私は祈ります。次にあなたがここへ来るときには，私たちの幾人かが新精神の高みに到達しているかもしれません。たぶん，シャンディガールは，新しい思想の中心地となることでしょう」[113]。

シャンディガールを訪れて，その州会議事堂施設（キャピタル・コンプレックス）のすさまじいほどのスケールによって圧倒される人もいるが，その建築的表現は，近代建築の最も大胆な業績の一つと見なされている。ほとんど原始的ともいえる喚起力をもつ，その象徴的な官庁建築は，柔軟性のあるマッシブな形態とか，大胆な打放しコンクリートの使用によって，戦後建築をインターナショナル・スタイルの呪縛から解放するにあたって力があった。そして，それはル・コルビュジエの近代建築の革新的リーダーとしての位置を強化することにもなった。建築に興味ある者にとって，シャンディガール州会議事堂施設は，インドを旅する際のタージ・マハールと同じように巡礼の地となった。

さらに重要なことは，ル・コルビュジエの努力が，モニュメンタルな建築のもつ近代的概念を蘇生させることに向けられたことである。シャンディガールは，政治的危機の産物であり，新しい国家への欲求，貧しさ，技術的な遅れを内包し，内紛によって分裂されたが，都市をつくるための秩序と永続性のシンボルとなり，初期の民族主義者の精神のよりどころとなった。ル・コルビュジエは，適切なモニュメンタルなスケールを完成させるために，都市のマスタープランを練り直そうと努めた。そして同じく彼は，州会議事堂施設（キャピタル・コンプレックス）にその象徴的機能にふさわしい統一性と力の痕跡を残そうと苦闘した。

長いコンクリートスラブをもつ総合庁舎（図96）は，丘と結びついて複合施設を形づくり，それ自身が自然の障壁のようになっている。つまり，より小さな建築構造物のための背景になる人造の壁である。本質的には使用機能を維持するために，総合庁舎は，高等法院の大玄関の列柱と議事堂が面するメインプラザから離れて建っている。建物全体の趣きは，多様性と統一性をもつ繊細で調和のある相乗作用（アンサンブル）を見せている。高等法院（図97）は，外観は古典的要素をもっているが，派手に彩色された玄関によって分節され，議事堂（図95）とバランスをとっている。議事堂の屋根の線は，内部議場の劇的で彫刻的な形態をそ

のまま表出し，外部には巨大なブリーズ・ソレイユのような自立した柱廊がついていた。プラザ空間は広大ではあったが，人工の丘に囲まれて部分的には閉じているが，山に対して開いていて，わずかではあるが場の感覚をもっている。その生涯のほとんどにわたって，ル・コルビュジエの幻視的建築は，経済的裕富さ，技術力，機械による安楽さを表徴していたが，より厳しく，しかし精神的にはより豊かな拘束の中で，彼は頂点を極めたのである。シャンディガールが計画されたときインド自体が孤立し，脅かされていたように，議事堂の建築構造物は，敵対する世界で孤立しているように見えた。それらは快適な建物ではない。また，快適な場所に建っているわけでもない。それらは心地よい生活，当然の生活を誇っているのでもなく，努力と粘り強さによって維持される生活を語っているのである。

気候，貧困，未熟な技術力によりながらも，州会議事堂施設（キャピタル・コンプレックス）の建物は地上に建ち上がった。それは，平野の広大な広がりと遠くの連山を背に，人間の存在を主張している。ここにはなんの避難所もない。雨，砂嵐に打ちのめされ，すさまじい太陽光にあぶられ，風に打ちのめされながらも，これらの建物は，多くの人々の苦労の末に建てられた。それらは，耐久性をもっている。ル・コルビュジエは，古典建築を非常に賞賛するように，運命の不確かさに拮抗して確かな展望を提示し，それがどんな運命になろうとも，未来に対する大胆で力強い信条を確立した。

彼は，シャンディガールのモニュメンタルな建築に夢中になっていたので，一方では，都市の全体計画から離れがちで，ピエール・ジャンヌレの指揮する首都計画事務所に都市デザインの主な責任を任せてしまった。街が形を表す何年かの間，ル・コルビュジエはパリで仕事をし，定期的にシャンディガールを訪れるにすぎなかったが，一方，ピエール・ジャンヌレは，パンジャブ州のチーフ建築家，プランナーとして建設の指揮のためその地に残った。

ル・コルビュジエの居住セクターのデザインに対する貢献は，街路レイアウト，公園，バザールの位置の総合パターンを示す図式である。これらのセクターの中では，主要な視覚上の性格づけは，公共住宅の13分野にわたる規定プログラムによって決定されたが，初期の住宅タイプはマックスウェル・フライ，ジェーン・ドリュー，ピエール・ジャンヌレによって開発された。都市全体の外観の中で，この住宅パターンの段階構成がたいへん重要な位置を占め，事実上，2つのシャンディガールがあるように見える。一つは，ル・コルビュジエがモニュメンタルな格を中心に表現したもので，他の一つはピエール・ジャンヌレが，建物の容積に従って構築したものである（図98—99）。

シャンディガールのマスタープラン（図75）は，都市デザインにおける2つのスケールの創造を意味している。一つはモニュメンタルなスケールであり，首

都機能と結合し，幅広い並木道と大きな建築複合施設の中に見られる。他の一つは，より小さく，家庭的で，歩道を方向づけるスケールであり，近隣セクターの中にみられる。この都市デザインの最も際立った失敗は，これらの住宅地区の開発にある。そこには，ルーズで単調な建物の配置パターン，多すぎて維持できそうもないオープン・スペース，車の普及不足と見合っていないオーバースケールの道路がある。さらに，砂嵐や，焼きつくような熱風や，焦がすような太陽という気候がある。標準化されたバザール通りは，比較的繁盛している店の人たちには店舗を供給したけれども，この計画の中には，インド人の都市生活の一部となっている行商人や職工たちのための施設は含まれていなかった。

シャンディガールは，インドの環境に西欧都市デザインの概念を持ち込む具体的な試みであったが，その結果シャンディガールは，空間の多様性や視覚的なおもしろさに乏しく，伝統的なインドの町がもつ機能的成長性にも欠けることになった。インドの土着建築物は狭い道を持ち，比較的高密度で，内側に向かって開く中庭をもつ家であるが，これは熱帯気候やほとんどの人が歩行者であるという環境，そしてプライバシーの必要性という観点から見れば，シャンディガールの周囲に誤って配置された〈田園都市〉よりはるかに洗練された方法を示している[114]。

全般的に見ると，首都パンジャブの開発は，生き生きとした都市生活の活発さ，自動車のない都市環境の美しさを敏感に感じさせるというより，むしろ都市デザインの定式を想像力なしに適用している。しかしながら，シャンディガールに見られるルーズな都市スケールは，戦後デザインに特徴的なものであり，それゆえ，気候と機械化の程度によって，インドよりももっと開かれた都市パターンが正当化され得るイギリスにおいても，最初のニュータウンは，しばしばコンパクトさと都市性が欠如していると批判されるのである。

ル・コルビュジエの都市デザインに向けられた長期にわたる関心から見ると，ようやく都市計画を実現する機会が与えられたにもかかわらず，その展開のための多くの責任を彼が放棄したのは，奇異にうつるかもしれない。彼の初期の図式的デザインでは，都市を大スケールで全般的に眺めるだけで，身近な構成（テスクチュア）まで展開しようとしなかったように，シャンディガールでも計画上の努力をマスタープランのアウトラインを描き，モニュメンタルな複合施設を造ることだけに制限してしまった。プロジェクトに関する計画的，技術的制限があまりにも多すぎたので，自分が全体にかかわるのは無理だと思ったのかもしれない。彼はインドに継続して住むために，パリを離れることには気乗りがしなかったし，その敷地に住む所員たちのほうが，居住パターンをよりよくする資格があると感じたのかもしれない。また，自分は才能の面でも好みの面でも，モニュメン

タルな建築に向いており，卓越した領域に自分を捧げるほうを選んだのかもしれない。

シャンディガールの小スケールの構造が，ル・コルビュジエによってどれだけ生みだされたかというのは曖昧になっている。長い間，工業化都市に取りつかれ，バロック的拡散を好むあまり，機能的な仕事とかインドの伝統的環境の美的繊細さに冷淡になったという論議は可能である。しかしそれでも，ル・コルビュジエは，暑く乾燥した気候下における土着の作業に，無関心ではなかったのは明らかである。北アフリカの旅行において，彼はアラブの町や家並に感嘆し，密集地，狭い通り，無表情な外壁と保護された内部の中庭を観察し，スケッチした。そして彼は次のように書きとめている。「通りは激しく動く経路であっても，それは家の中からはわからない。つまり，通りに面する壁が閉じられているからである。生活が栄えるのは，壁の内側においてである」。自分の図式的デザインの中で，彼は終始変わらず開かれた都市形態を弁護したが，アルジェリアでは，「都市の屋根を形づくるテラスの間隙は，1インチも無駄になっていない」と指摘して「カスバの純粋で効果的な階層化」を賞賛したのである[115]。それゆえ，シャンディガールにおいて，ル・コルビュジエは地方の状況を調査し，詳細な居住セクターの配置とハウジングデザインを展開したとすれば，彼が，どのようなものをつくりたかったかを正確に言いあてるのは難しくなる。現存している街を見る限り彼に負っているのは骨格的な輪郭だけであり，その肉づけおよび内容は，他の人々により生み出されたものである。それにもかかわらず，シャンディガールは，直接ル・コルビュジエの手によるとされる唯一の実現した計画なのである。

ル・コルビュジエはその生涯が終わろうとするころ，彼の仕事を特徴づけてきた多くの不運なコンペ・デザインにさらに一つ追加することになった。彼の最後のプロジェクトは，第二次世界大戦によって破壊されたベルリン中心部の再開発計画であり，1958年に提出された（図100）。このプロジェクトの中で，彼は次のように主張した。「すでに40年前に，パリ中心部について研究したのと同じ問題点に直面した。……建築と計画に関する40年に及ぶ研究と経験を生かす時がやってきたのだ」。

最終計画案は，「卓越したデザインであり，30年にわたりC.I.A.M.によって提唱されてきた原理に従ったもの」[116]と彼自身称し，建築家ル・コルビュジエのおきまりの建築タイプ，交通分離と歩行者循環システムを取り入れた建築配置パターンを採用していた。審査員の中には，ル・コルビュジエに好意的であると考えられるメンバーがいたが，彼のプランは拒絶された。

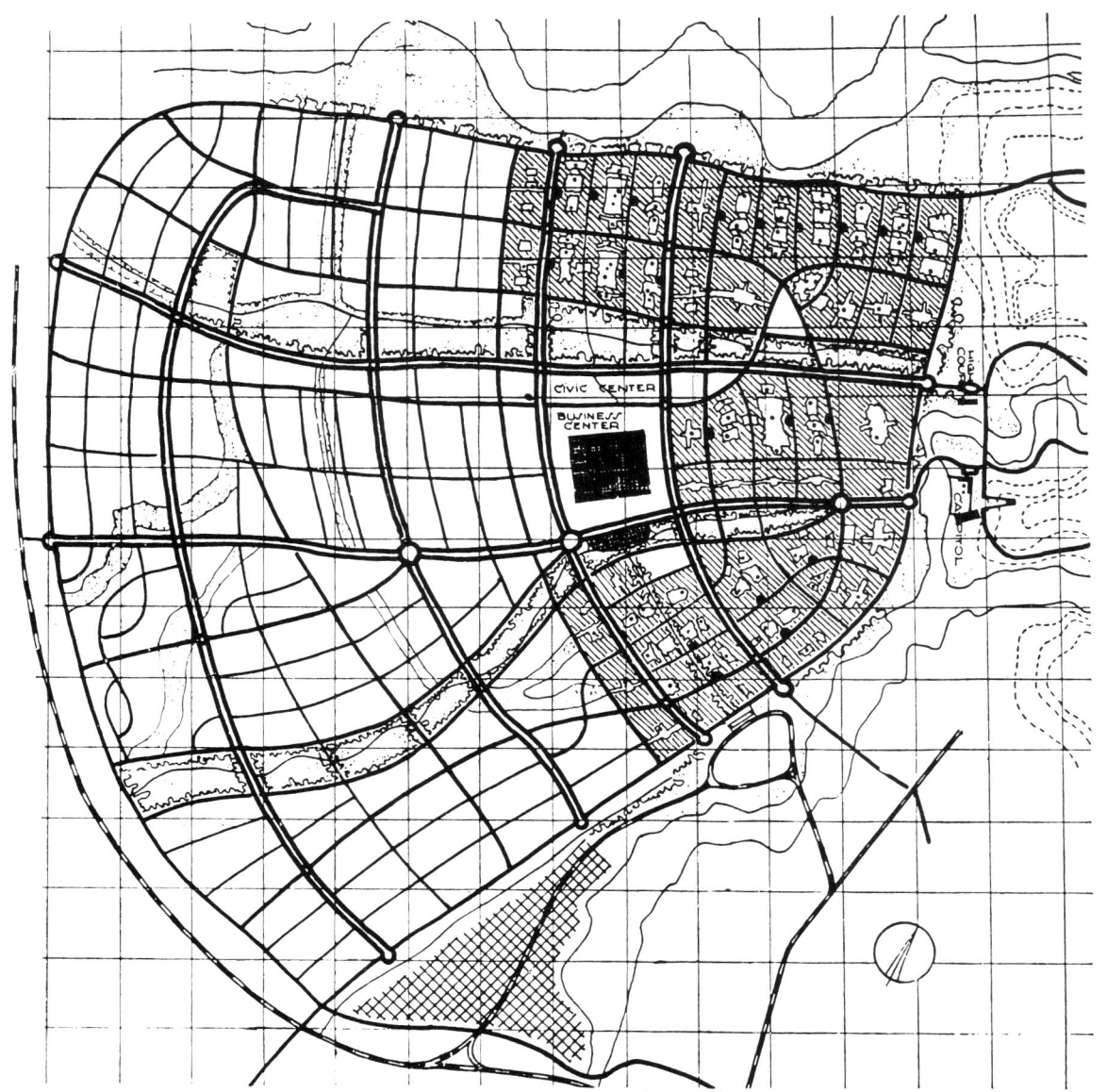

図75 シャンディガールのマスタープランは，1950年，アルバート・メイヤーによって完成された。ハッチされた影の部分は最初の開発の部分を示す。下の部分は，計画における最終的な拡張区域である。ハッチされたスーパーブロックの中の白抜きの区域は，内部の公園である。議会複合施設は都市の上端にある。中心業務地区は，黒の四角で示されているスーパーブロックを占める。そして，工業地域は網目状のハッチによって右側に示されている。

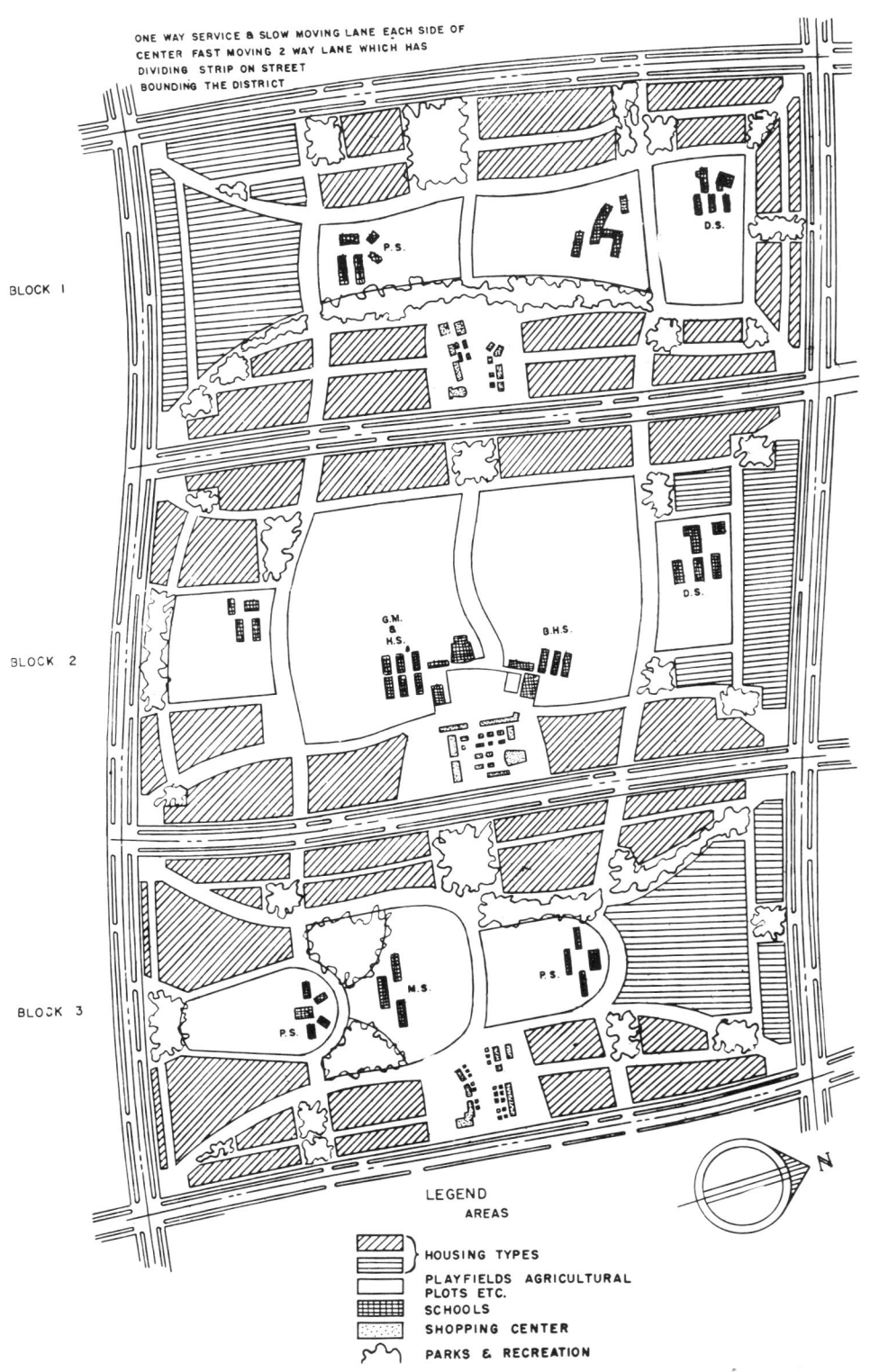

図76 メイヤーのプランの代表的な3ブロック地区の図式デザイン。中心部に公園があり，居住地域は，スーパーブロックの外周部に設定された。学校は公園の中にあり，ブロックの下端にはバザール地区がある。

図77-79 1951年のル・コルビュジエによるシャンディガールのスタディ。幾何学的プラン。大きな通りの交差軸と道路で囲まれた800×1,200mの居住地域を表現している。州会議事堂は，都市の外縁部にあり，モニュメンタルな並木道でつながれている。

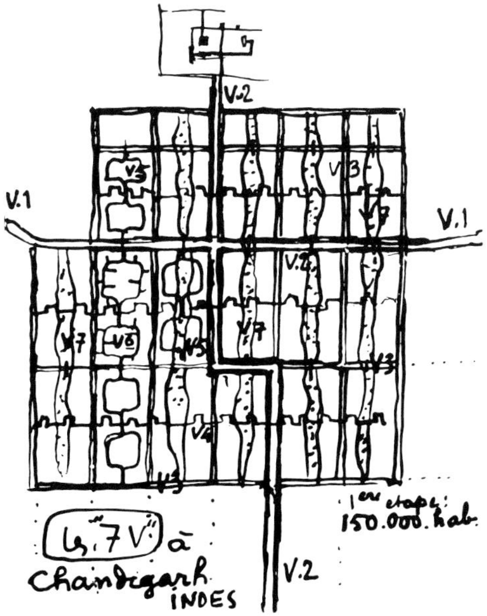

図77 居住地区の図式化。おのおのの地区は通過交通のある道路（V3）に囲まれ，近隣ショッピング道路で二分されている（V4, A）。ループ状の道路は，局部交通を分配し，帯状になった公園（B）は，地区全体に広がり，そこには学校が建設される。

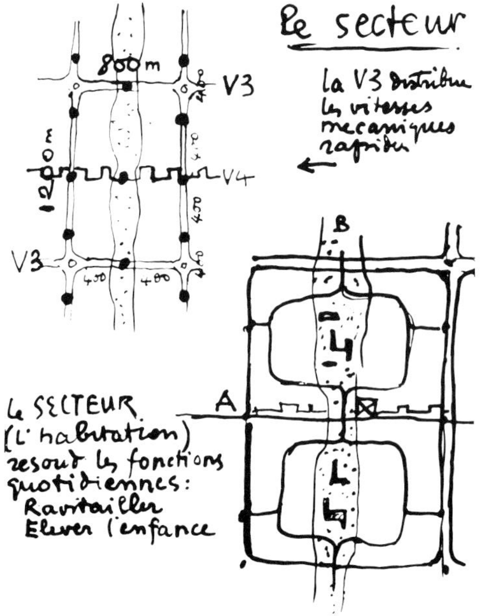

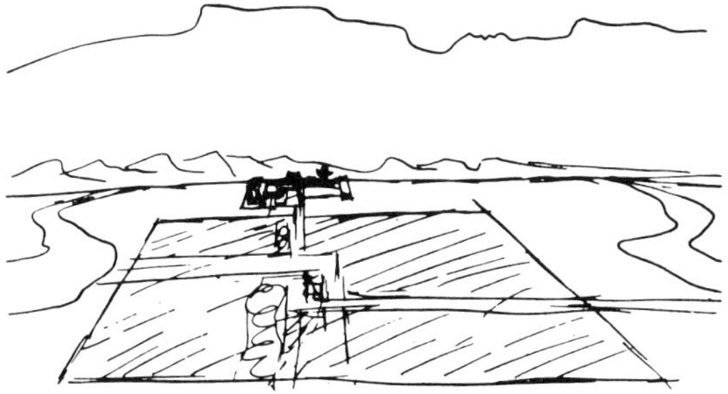

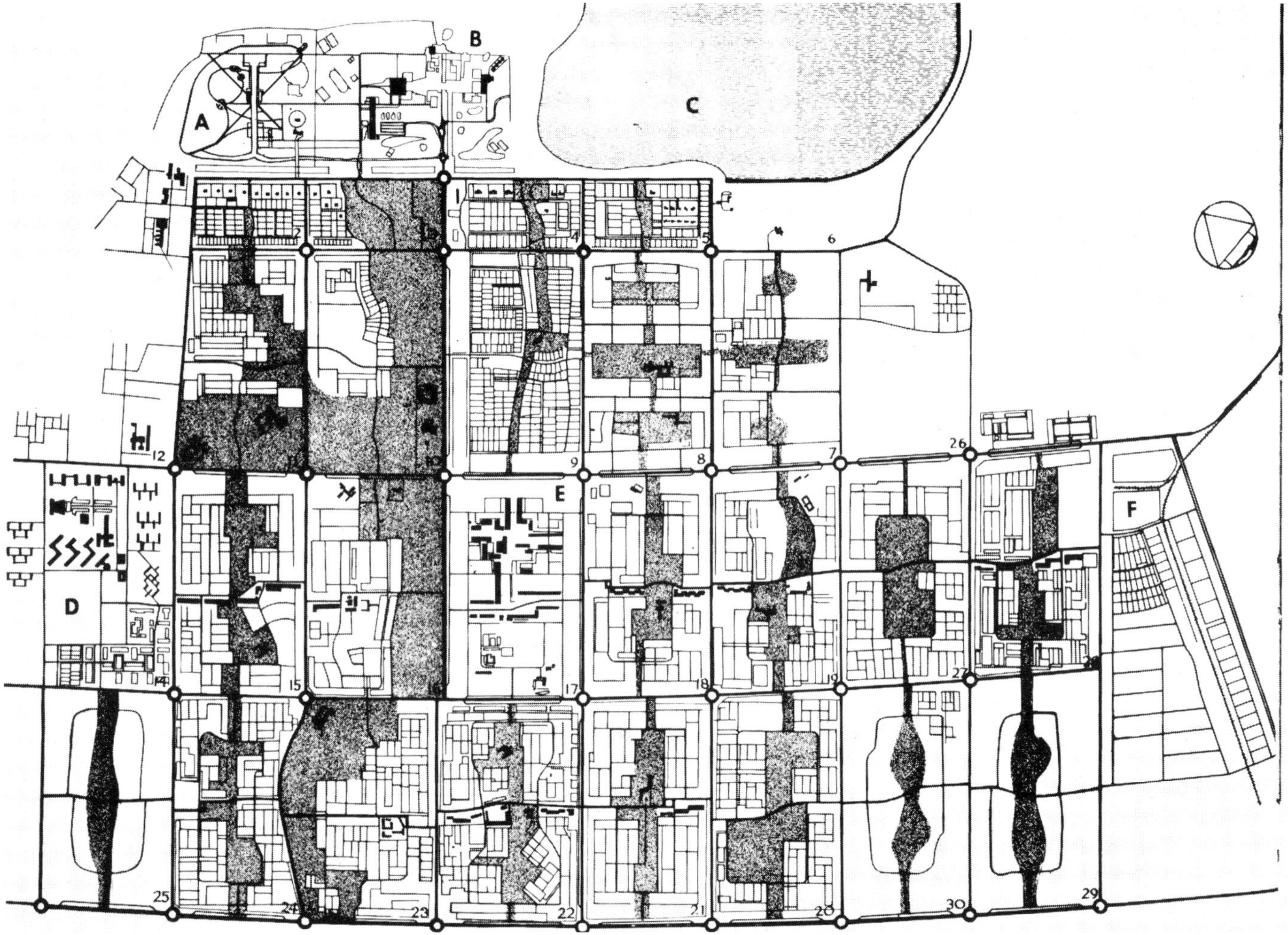

図80 1962年までに開発されたシャンディガールのプラン。ル・コルビュジェのマスタープランは、詳細地区レイアウトは州都計画事務所によるものである。ル・コルビュジェの交通分離7Vシステムは、大きなグリッドを規定し、スピードの速い自動車交通は、居住地区のまわりのV3ストリートに限られていた。また、不規則な形をしたさまざまな道路が、局部交通を負担した。それぞれのV2ショッピングストリートで二分され、続いて、ループ道路V5がV4を横切る。またV5は、内部の主要配分道路として機能する。V7歩行者専用道路を含む中央の帯状公園は、それぞれの地区内にある。A. ラジェンドラ公園（州会議事堂に隣接したレクリエーション地区）、B. 州会議事堂、C. 湖（この地区に隣接する川床をせき止めた人造湖）、D. 大学（14番地区）、E. 中央業務地区と官庁街（17番地区）、F. 工業地域

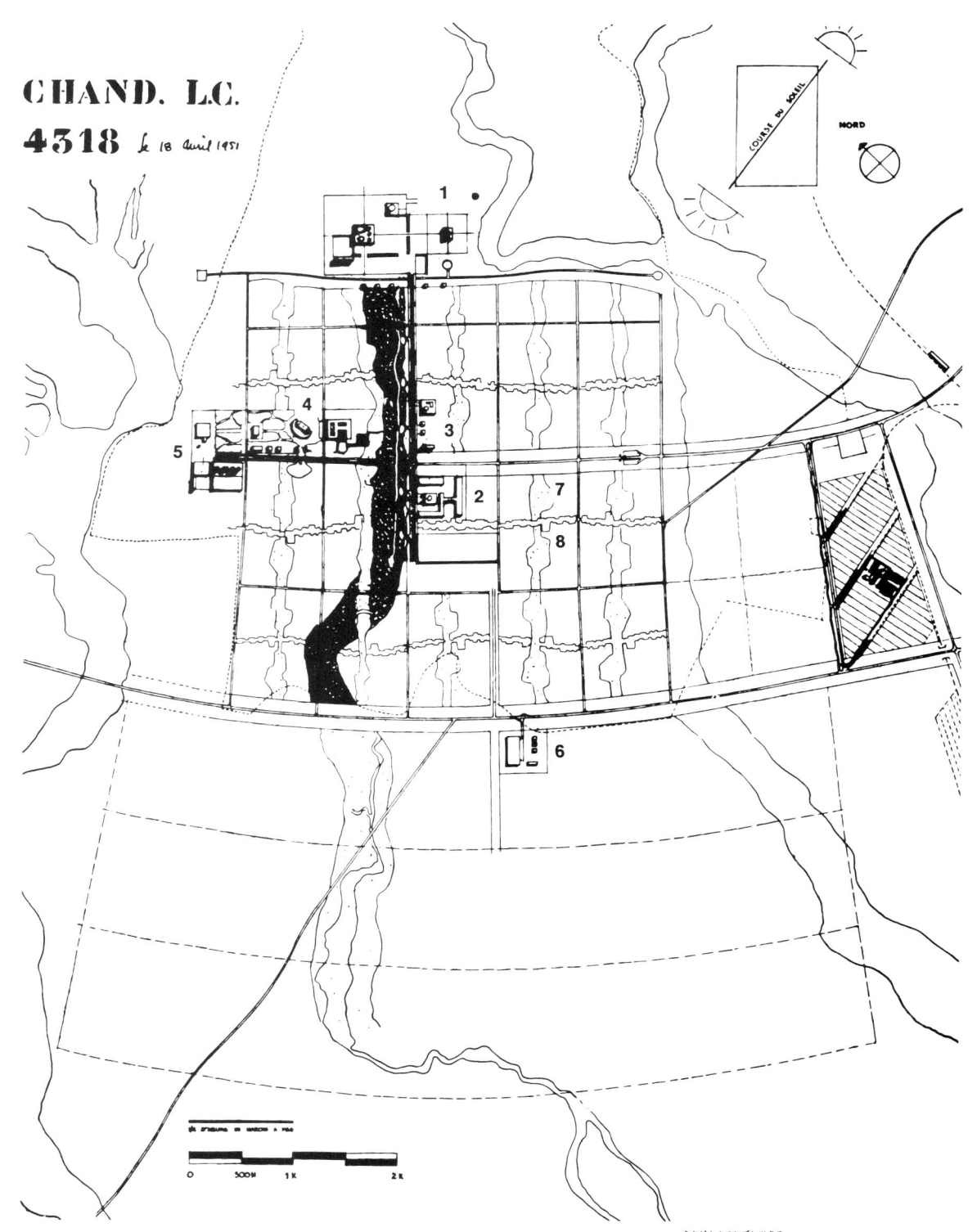

図81 1951年4月18日付け，ル・コルビュジエのシャンディガールのマスタープラン。1.州会議事堂，2.中央業務地区(キャピトルコンプレックス)，3. ホテル，レストラン，外来者センター，4.美術館とスタジアム，5.大学，6.卸売市場，7.居住地域を通して広がる帯状の公園，8.ショッピングストリート（V4），9.市場の下に広がる地域は将来の全人口50万人の拡張を吸収できる。

図82 州会議事堂と都市の上端地区を示すシャンディガールの航空写真

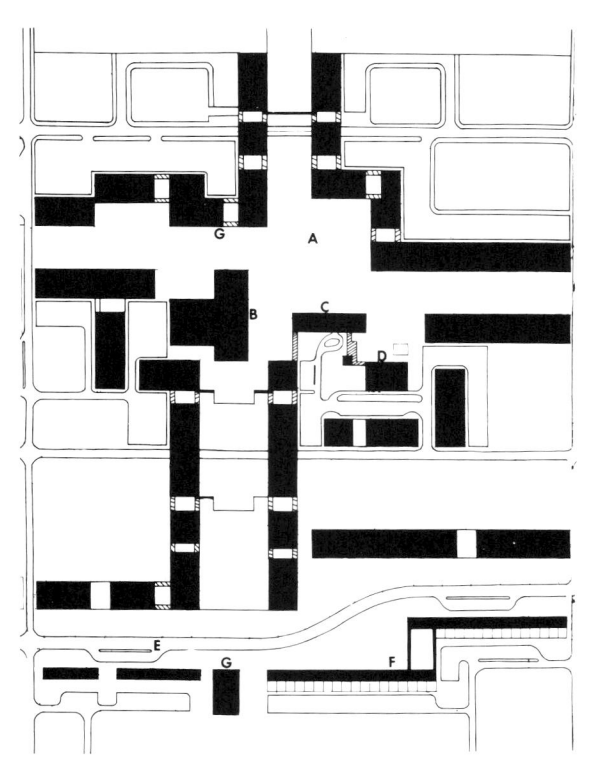

図83 バザール通りV4の北,セクター17を占める中央業務地区の配置図
　A. 主広場,または「チャウク」
　B. 10階建ビルディング
　C. 市民ホール
　D. パンジャブ州立図書館
　E. バザール通りV4
　F. 店舗
　G. 映画館

図84 中央業務地区。左にパンジャブ州立図書館,右にインド銀行

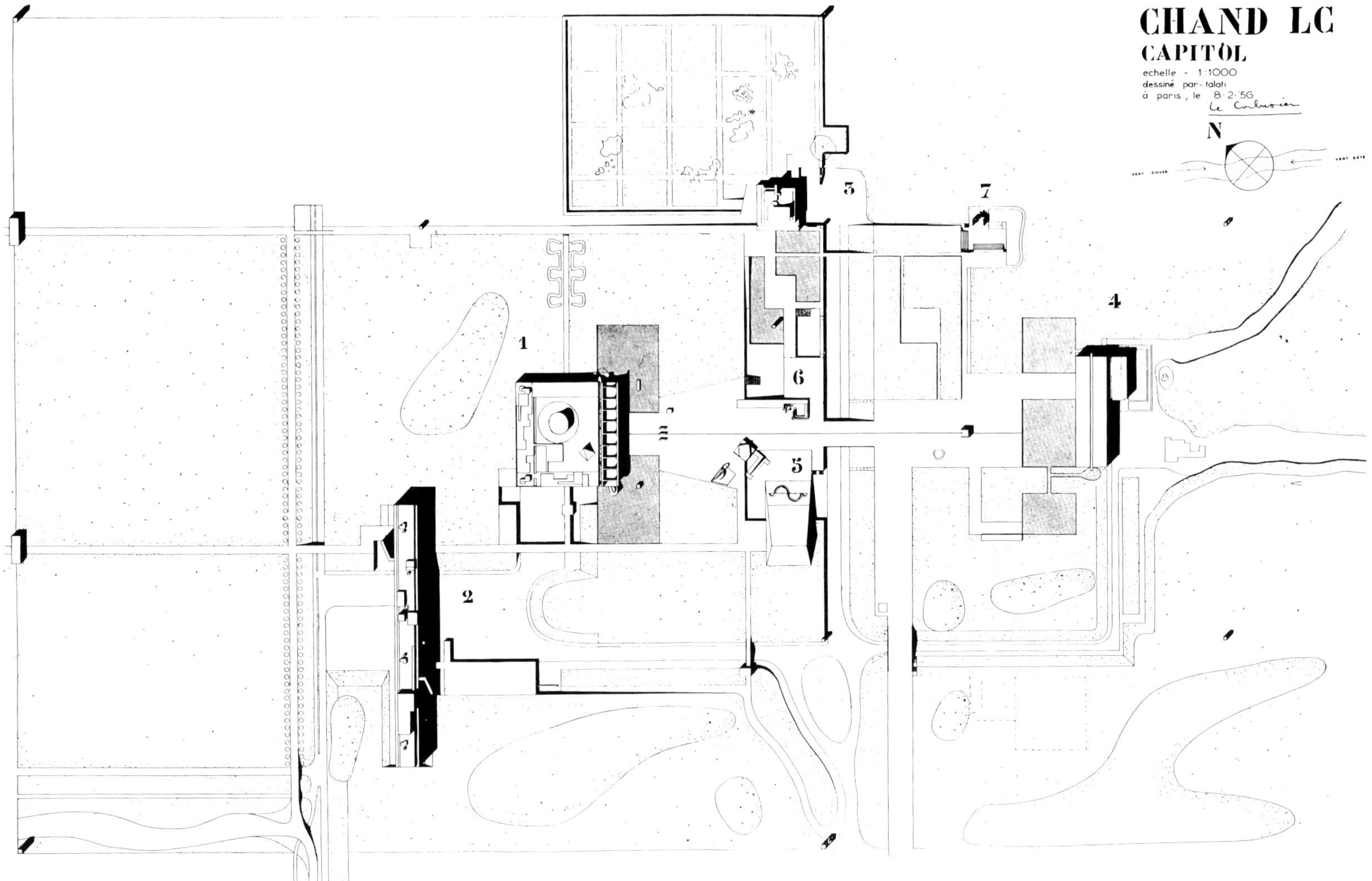

図85 シャンディガールの州会議事堂の配置図
1. 議事堂 2. 総合庁舎 3. 知識の博物館（旧知事公邸）4. 高等法院 5. 24時間日照の記念碑と陰の塔 6. 殉教者の記念碑（パンジャブ州分裂の際の殉教者のための記念碑）7. 開かれた手のモニュメント

図86 高等法院からみた総合庁舎と議事堂

図87 議事堂の掘割式の駐車場からみた高等法院。前景は，総合庁舎から議事堂へのびる屋根つき通路

図88　建設中の総合庁舎の屋上からみた議事堂（左）と高等法院

図89 もとは州会議事堂(キャピトル・コンプレックス)のために計画された総督公邸へのアプローチ，1952年。

図90 シャンディガールの記念碑のスタディ，1952年。
　上　24時間の日照
　中　モデュロールと調和的らせん，そして太陽の2年ごとの至を示す構造図。
　下　陰の塔(建築的太陽コントロールの明示)，そして開かれた手。

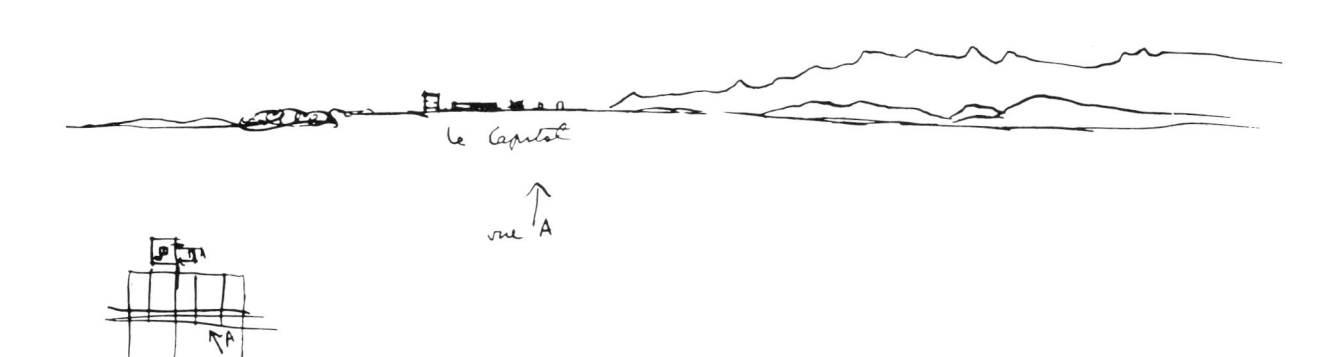

図91—93　ル・コルビュジエによるシャンディガールのスケッチ，1952年。

図94 州会議事堂の外周部に計画された開かれた手のモニュメントのモンタージュ写真。

図95 チャンディガールの議事堂。モニュメンタルな柱廊玄関(ギャラリー)は、行政複合施設の中央遊歩道に面している。

図96 シャンディガールの総合庁舎。右側には議会の柱廊玄関(ポルテコ)がみえる。

図97 シャンディガールの高等法院のエントランスファサード。その玄関(ポルテコ)は，後に，多色模様に彩色された。

シャンディガールにおけるル・コルビュジエのハウジングデザインへの唯一の貢献は、プロトタイプとしてのローコスト住宅の研究にある。彼は小さな連続テラスハウスを184戸(居住者750人)の「村」にグループ分けすることを提案した。4つの壁に挟まれた1,200平方フィート(111.6m²)が、1戸当たりの広さとされた。太陽、広がり、緑、蔽った部分、かげの所、空のある部分、野外の開けた所、その前を道が通っていて、望めば、気晴らしができる。すべての家を横に並べることで、彼らは完全に分離され、絶対のプライバシーを保つことができる。大規模なアパートメントブロックで採用されたのと同じ原理である。750人の住人の集まりが一つの村を形づくり、その中の道路は、きれいなれんが敷きの路地となっており、人はそこを裸足で歩くのである。自動車や荷物車は、この「村」と呼ばれるユニットを形づくる地区の外部に置かれることになっている(この地区はおよそ23,400平方ヤード)(ル・コルビュジエ全集1946-52)。同じような「村」の集合が、シャンディガールでは、その後、引き続きいくつかの住宅タイプに採用された。

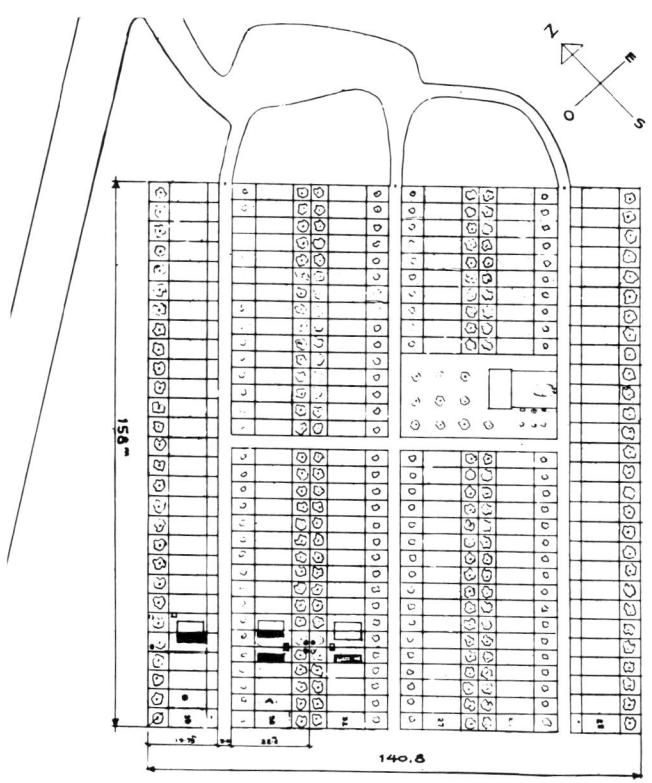

図98　「村」のレイアウト

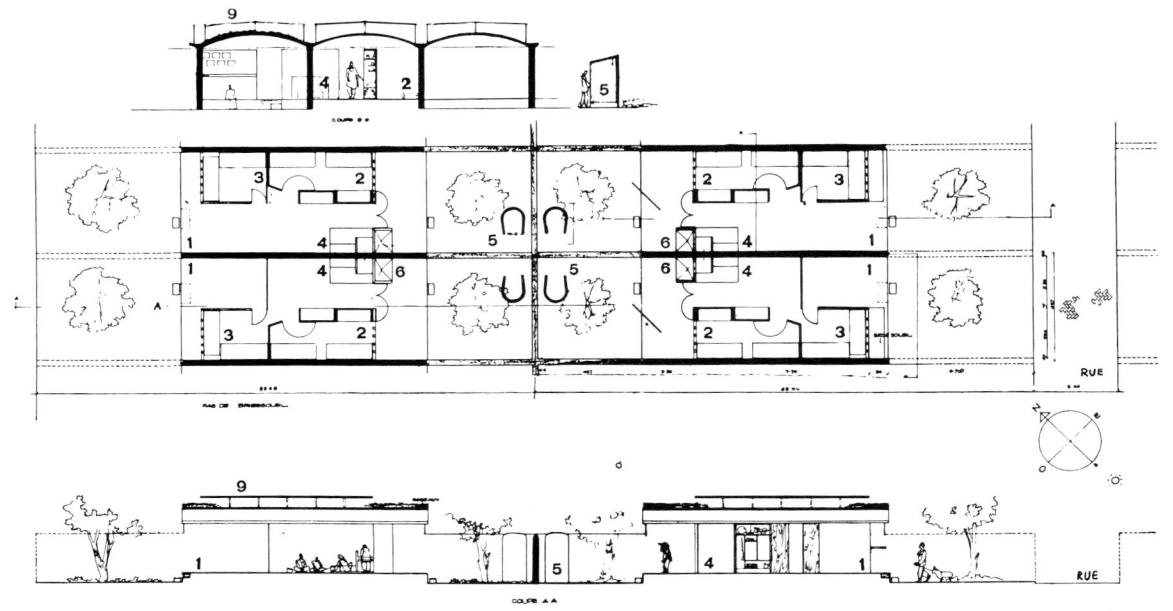

図99　住宅のプランおよび断面。1.ベランダ，2.夫婦寝室，3.子供部屋，4.キッチン，5.トイレ，6.シャワー室，7.ブリーズ・ソレイユ，8.パラソル状の屋根

図100 ベルリン中心部再建のためのル・コルビュジエの設計競技案、1958年。
「犯罪？ル・コルビュジエは、その計画案で『ウンテル・デン・リンデン』大通りを完全に歩行者のみのにすることを提案した（上図で白く見える部分）。自動車交通は一定間隔で交差する高架高速道路に沿って流れ、建物のちょうど前の多層式駐車場、つまり『ウンテル・デン・リンデン』『リンデン』大通りは、その昔、歩行者のための散歩道であった（自動車の入る前）。今度は現代版大散歩道になるのだ。しかし、審査員たちは世界各地と同様に『リンデン』も自動車で一杯にすることを望んだ」（ル・コルビュジエ全集1957-65）。

ル・コルビュジエの構想
栄光と不条理の超克

ル・コルビュジエと彼のいとこが、〈300万人のための現代都市〉のプレゼンテーションの準備をしていたときを思い起こして、彼は次のように記している。「夜も更けて疲れを感じる時間が訪れ、ドローイングに真剣に取り組んだ末、完成させる望みを失くしたとき、私はピエール・ジャンヌレにこう言った。『おい君、私たちは慎重にこれらのドローイングをしなければならないよ。最後までやりとげねばならないんだ。今から10年、あるいは20年後になっても、ドローイングが証拠として求められ、さらに、それらが出版されることもあるということを思ってごらんよ』[117]。ル・コルビュジエは、彼の計画案の寿命を過小評価したように思われる。ドローイングは彼の予想よりも早い時期に出版された。そして、それらが創造されてから約50年たっても、まだ依然としてその影響は見られるのである。

都市デザインの歴史に占めるル・コルビュジエの位置は、明らかに計画の実施という直接的なものよりは、むしろ、彼の思想から引き出すべきである。それは、彼の名声が実現された計画をもとにしたのであれば、彼の立場はまったくマイナーになってしまうからである。しかし、ル・コルビュジエの影響は間接的だとしても、依然として疑いの余地がない。しかし、近代都市デザインをある程度大きくとらえてみると、自説の宣伝に明け暮れた生涯が終わってから、いささかゆがめられた形ではあるが、彼の言っていたことが、結局通ってしまったということがわかる。彼の経歴は、苦労と失敗の連続であったとしても、ル・コルビュジエは、多くの戦後建築の基礎を形成する一揃いの都市原型をデザインを職業とする人々の潜在意識の中に浸透させることに成功したのである。

都市デザインにおけるル・コルビュジエの影響の大きさは、しばしば彼につきまとった非難によって、推測することができるかもしれない。というのは、彼自身のデザインは、役所から一貫して拒否されたとはいえ、時として彼は、現代環境の中の単調で機械的で、オーバースケールなもの、すべてに対して責任を追求されるからである。彼の未熟な計画は、形が先行し、都市環境の人間的な側面を忘れてしまうという心理状態を助長し、その縮図となり、近代都市の最悪の局面を際立たせていると見る人もいる。

ルイス・マンフォードは生涯、分権主義者であり、初めからル・コルビュジエに対し反感をいだいていたが、思い起こして次のように述べている。「彼の『建

築をめざして』という本の初版を読んだときから，私たちは異なった体質と教育によって，敵対することを運命づけられていることを知った。つまり，彼は，デカルト的な明快さと優雅さをもつだけでなく，嗚呼なんということか，時間とか変化，有機的適応，機能的適合，生態学的複雑さに対して異様なほど無関心であり，そしてさらに大事なことは，社会学を知らず，経済的に無知であり，政治的に無関心なのである。まさに，これらの欠陥によって，結果として彼の未来都市は，世界規模の模倣のモデルとして成功したのである。その形態は現代における財政上，官僚機構上，そして技術上の限界を如実に示していたのである」[118]。

マンフォードは〈300万人のための現代都市〉――彼自身は過去の『未来都市』と名付けた――のイメージは，過去30年にわたって，建築やプランニング教育において支配的な影響力を持っていたと明言し，次のように主張した。「ル・コルビュジエが直接衝撃を与えた主な理由は，次の事実である。彼は，建築や都市計画における近代運動をそれぞれ別々に支配していた2つの建築的コンセプトをもたらした。一つは，極度なまでに標準化され，官僚化され，加工され，技術的に完成され，機械によってつくられた環境。そして他の一つは，これを埋め合わせるための自然環境であるが，これは太陽光，新鮮空気，緑葉，そして景観を確保するための視覚的オープン・スペースとしてだけ扱われたのである」。この2つの環境の融合の結果を「不毛な混成物(ハイブリッド)」とみなして，マンフォードは，悲観的に次のように結論した。「たぶんル・コルビュジエのコンセプトの不毛さこそが，彼のコンセプトをわれわれの時代にとって魅力あるものにしてきたのである」[119]。

多くの近代計画の非人間的スケールと不毛さをル・コルビュジエのせいにするのは都合が良いかも知れないが，彼のプランは，インスピレーションであると同時に，洞察力のある予言であると考えることもできる。彼のもつイメージが人々に浸透したのは，彼がそのイメージを視覚的にロマンチックな形で直接アピールしたからばかりではなく，そのデザインの中で，都市開発の将来の方向を実際に予想し，総合的に示したからであった。彼のパリのヴォアザン計画は実現されなかったが，大都市再開発プロジェクトの先駆的なものであり，そして結果として，そのプロジェクトは多くの他の都市の中心部(コア)を変革していったのである。ル・コルビュジエは，高速自動車道路を発明したわけではないが，これを都市デザインに必須の要素としていち早く認めた一人であった。そして事実，それが現実化しているのである。彼は摩天楼をつくったわけではない。しかし，都市景観において，それがますます優勢となることを予見し，その美学上の可能性についても大変敏感であった。ル・コルビュジエは，インターナショナル・スタイルの建築に初めから携わっていたが，公正に判断して，戦後建

設の多くを特徴づける滑らかであるが，気の抜けたような調和を彼の責任にすることはできない。建築における彼自身の業績は，まったく違った方向に展開し，個人の限界を超えた努力によって，苛酷なまでの適応性をふるいたたせたと指摘することは，適切かもしれない。公園の中の摩天楼，演繹すれば，駐車場の中の摩天楼は，彼の努力によって促進されたかもしれないが，一般的な都市組織のルーズさは，都市の自動車輸送への依存が増大し，避けられない産物となっている。

戦後世界は，都市構成(テクスチュア)を粗雑化しているという特徴がある。そして多くのデザインが，スケールの違ったものを調和させることに失敗したことは，ル・コルビュジエのプロトタイプによる計画の弱点を強調してきた。それでも〈300万人のための都市〉という詩的構想が，パリやミラノ郊外の冷酷なまでの空虚さや，気が遠くなるようなスケールのソビエト建築や，アメリカの公共住宅の魂の抜けた高層バラックの素地をつくり，その標準品をつくり上げたとすれば，ル・コルビュジエこそが他の誰にも追随できない都市概念の持ち主であると認めることになる。彼は，広く間隔をとった高層ビル群，あるいは厳密にゾーニングされた土地利用といった都市パターンを擁護することによって，都市混雑という19世紀の遺産[120]に同じような対応を見せる多くの近代デザイナーの意見を強化したことになる。ル・コルビュジエのユニークさは，彼の計画の総合性，プレゼンテーションの気魄と想像力，そして，自分の考えを推進させるうえでの忍耐強さにある。

戦後建築に関して言えば，ル・コルビュジエの都市デザインの概念は，1956年に始まったブラジルの首都に完璧に近い形で適用された（図101—102）。新しい都市ブラジリアは，交差軸を持つプランから構成されている。その交差軸では，多層交通センターを介してすさまじいばかりの高速道路と，古典的なオーダーを持つ政府機関軸とが交わっている。高速道路と相接して，オープン・スペースの中には標準的共同住宅ブロックを含む居住スーパーブロックが配置されている。一方，交通軸に近接するオフィス街は，統一感のある高層ビルとしてデザインされている（図102）。この新都市は，冷酷な単調さを持つ静的な都市デザインとなり，都市計画への形態主義的(フォルマリスト)アプローチの弱点を寄せ集めたように見えるかもしれない。けれども，高速道路に見られる高度技術のイメージ，近代主義建築の一様性，そして，政府複合施設の古典的な断片といったものは，ブラジリアのデザイナーたちにとっては，新都市にふさわしいイメージを具現化したものと映ったかもしれない。ブラジルの奥地に定住する試みの一つとして建設されたブラジリアは，実に「人間による自然制御」であり，発展途上国にとっては，この計画の機械的な形態主義(フォルマリズム)は，敵対した時には圧倒するような自

然の力に対する人間の意志と組織力の勝利を効果的に象徴している。

現代都市計画の多方面に及ぶ守備範囲から言えば，ル・コルビュジエの物理的(フィジカル)デザインの先取性は，たぶん，都市のより重大な他の局面を故意に無視しているように見えるかも知れない。現在の傾向として，都市の社会的側面や，頻繁に爆発する人間の力の絡みあった相互作用に，ますます注意が向けられている。都市居住者の山積する問題は，都市は本来どうしても治療を必要とする病める社会組織体であるという見方を助長し，それゆえ，ル・コルビュジエの都市デザインについての関心は見当違いであり，かつ時代錯誤であると映るかもしれない。

都市計画における現在の関心が，物理的(フィジカル)プランニングよりも社会的プランニングを強調する傾向にあるとすれば，物理的(フィジカル)デザインの領域では，ル・コルビュジエのデザインに対立する反応がますます起こっている。しばしば建築群を拡大すぎるオープン・スペースと結びつけ，衛生的であるが生活感のない環境が生まれた。そして多くの彼の原理を間違って採用したように見える大量のビル計画に対する嫌悪が生まれた。この結果，都市の「無秩序」の美学の再認識が起こり，熱狂して，かつて古代遺跡に捧げたのと同じ敬意を払って，ホットドックスタンド，広告板，中古車置場の形態配置を調査，分析する人まで現れた。カミロ・ジッテが古いヨーロッパの都市の不規則性から，秩序の概念を得ようとしたように，都市活力の原理は，今やポップ・アート的環境という現代の無干渉主義に求められている。都市デザインの全面的コントロールという理想を復権させることは，多様性，自発性，柔軟性を新たに擁護することであり，これは物理的環境はすぐ旧式になって使いものにはならなくなるという未来派の考えに部分的に回帰することになる。さらに，住居，商業施設，社会施設を物理的に混在させることは，都市に活気や利便性をもたらすために重要であるという考えが，厳格な機能的ゾーニングの概念を排除しつつある[121]。

ル・コルビュジエによる展示計画は，当初多くの人によって未来都市とみなされたが，いくつかの現代の未来都市計画と比べると，その計画は明らかに旧式で技術的に遅れており，スケールの点で臆病に見える。タワー状の巨大構造物や海底下の植民都市に，巨大な都市人口を収容する住宅を夢見る時代には，ル・コルビュジエの〈300万人のための都市〉は驚異的ではなくなったのである。ル・コルビュジエは，〈田園都市〉信奉者と比べて，自分は大中心都市の擁護者だと考えていたが，多くの都心部に現在計画されている人口規模を想定していたわけではなかった。彼の空想的計画は，人を驚かせるような将来のイメージであるどころか，今では都市を伝統的で比較的に永続性のある秩序，扱いやすい規模という言葉でとらえ得た最後の時代への郷愁のように見え始めている。

ル・コルビュジエの最も影響力をもつ作品は，楽天的な近代運動の縮図となり，

新しい時代の夜明けの輝きに対する確信と，先進技術が人間の問題を解決するために主に貢献するだろうという信頼にもとづいていた。人間と機械の蜜月が続いていたので，自動車，飛行機，高層ビルによってロマンチックに興奮することがまだ可能であった。本質的に，ル・コルビュジエは，近代建築の中に古典主義の遺産であるオーダー原理や，自然のピクチャレスクな魅力を取り込んで，彼の提唱した近代技術のスケールにふさわしい，都市計画を発展させようと努めた。彼は，完全に総合的な形で自分のアイデアを提示し，本質を扱おうとしたのである。ル・コルビュジエは，都市を見つめる芸術家であった。それゆえ，彼の計画案は，都市そのものを描いたのではなく，都市についての理想を描いたのである。彼は詩で使われる一種の詩的破格用法を用いて，劇的効果を生み出すために複雑な都市機能を単純化して考えることによって都市の可能性についてのアウトラインを示したのである。その結果，しばしば，現実とイメージの間のギャップは埋め合わされることなく残ったのである。

ル・コルビュジエを含めた多くの計画上の試みに対して，しばしばそれらの計画が十分に包括的ではないとか，すべての都市問題，すなわち実に人間の問題をほとんど解決していないという非難の手があがった。この非難は，概して，大衆から生まれたものではなく，さらにそれは人間の福祉を唯一，管理していると見られるプランニングという職業の自己拡大する傲慢さを反映したものといえる。人間の運命は，幸運にも，いかなる専門職の掌中にもない。そして，人類に今後，完全な幸福，知識，正義，そして，精神の啓蒙を成しとげる日がくるにしても，それは優れた都市計画の成果とはいえないであろう。

ル・コルビュジエは建築家だったのであり，他の何者かを装うことはなかった。彼は，都市計画の技術的側面を解決しようとしなかった。そして，人間の幸福に自分の都市デザインが貢献すると確信してはいたが，物理的(フィジカル)環境の変化に対応する問題以外の社会的問題を解決しようとはしなかった[122]。彼は社会を変革したり，革命を起こそうとするのではなく，複雑な人間ドラマの場となる秩序だった物理的枠組を用意しようとした。比較的一貫した古典主義者として，ル・コルビュジエは，自分の計画案の形式性が，多様で活気ある都市生活を制限し有害になるとは考えず，むしろ，わかりやすい合理的環境を求める人間の要求の反映であると考えていた。ル・コルビュジエの計画が，近代都市デザインの中で広範に採用されるモデルになったとすれば，その理由の一つは，視覚的秩序という最も古く，最も永続性のある伝統の一つを具現化したからかもしれない。一部のデザイナーにイタリアの山岳都市の複雑さを注目させ，空間の多様性を求める現在の流行にもかかわらず，ル・コルビュジエの模範(プロトタイピカル)解答は，未だに単純であり，論理的で参考となる点が多い。

都市計画におけるル・コルビュジエの長期にわたる影響を評価するには，彼が

生み出した物理的(フィジカル)デザインだけでなく，多くの著作や，講義の影響力を考慮に入れることが必要である。たぶん，近代運動の建築家の中で，その刺激的精神を一貫して示した者は他にはいないであろう。何よりも，この近代運動は希望であり，進歩と人間の活力の新しい開花に対する純粋な信念を具現化したものであった。都市に目を向けたル・コルビュジエは，都市環境は制御できない力をもっており，無定形で，混沌としたものであるという懸念を否定した。彼は，都市を人間の意志によって秩序づけられ，それに従う人間の創造物，地球上における人類の痕跡と断言した。個人的には挫折の生涯であったが，人間は運命をコントロールし，人間の目的に合わせて環境を形成する力をもっているという考えを，飽くことなく容赦せずに公表した。現代社会の巨大な組織力と，集合的な潜在欲求を意識して，彼は，自分の構想の大きさを他人に吹き込もうとして，現代の業績にとって必要とされる活動のスケールを，自分の仕事の中で提示した。彼のデザインは，建築配置パターンを示す形式的な図式(ダイヤグラム)以上のものである。それらは決断のスケールとなったり，努力の重要性を示す模範である。彼は，けっして未来への希望を失わなかったし，その努力が人類に役立っているという確信はゆるがなかったのである。

「そして，結局，機械ができる前に，人々が幸福だったか不幸だったかなどは，私にとってどうでもよいことだ。一つ私が確信していることは，19世紀の莫大な数の苦闘する労働者と，20世紀の幕を切っておとした劇的なまでの人口爆発は，調和と喜びをもたらす新しい時代の幕開けである。夜が死に行き，東の空に夜明けを告げるきらめきが上がるとき，太陽がすぐに昇ってくることを疑う余地がないように，多くの徴候群と具体的な出来事によって，今，差し迫ってくる新時代の誕生も疑う余地がない」。

「そこへ至るただ一つの道は，情熱である。近代という意識の重要性を主張し，すべての人々にこの意識を自覚させること。団結，勇気，そして，秩序。近代の倫理。すでにわれわれは，近代の冒険に突入しているところである。まだ期は熟していないとでも言うか。そうだとすれば，どんなおそろしい音が，どんな破裂音が，どんななだれの音が耳を襲わないと聞こえないとでも言うのか。今，世界中で轟くその雷鳴は，臆病者の心には不安を，勇士の心には喜びを満たすのである」。

「この間，われわれは細心の注意を払いながら，そしてかたくななまでにプランづくりを続けていくことだろう」[123]。

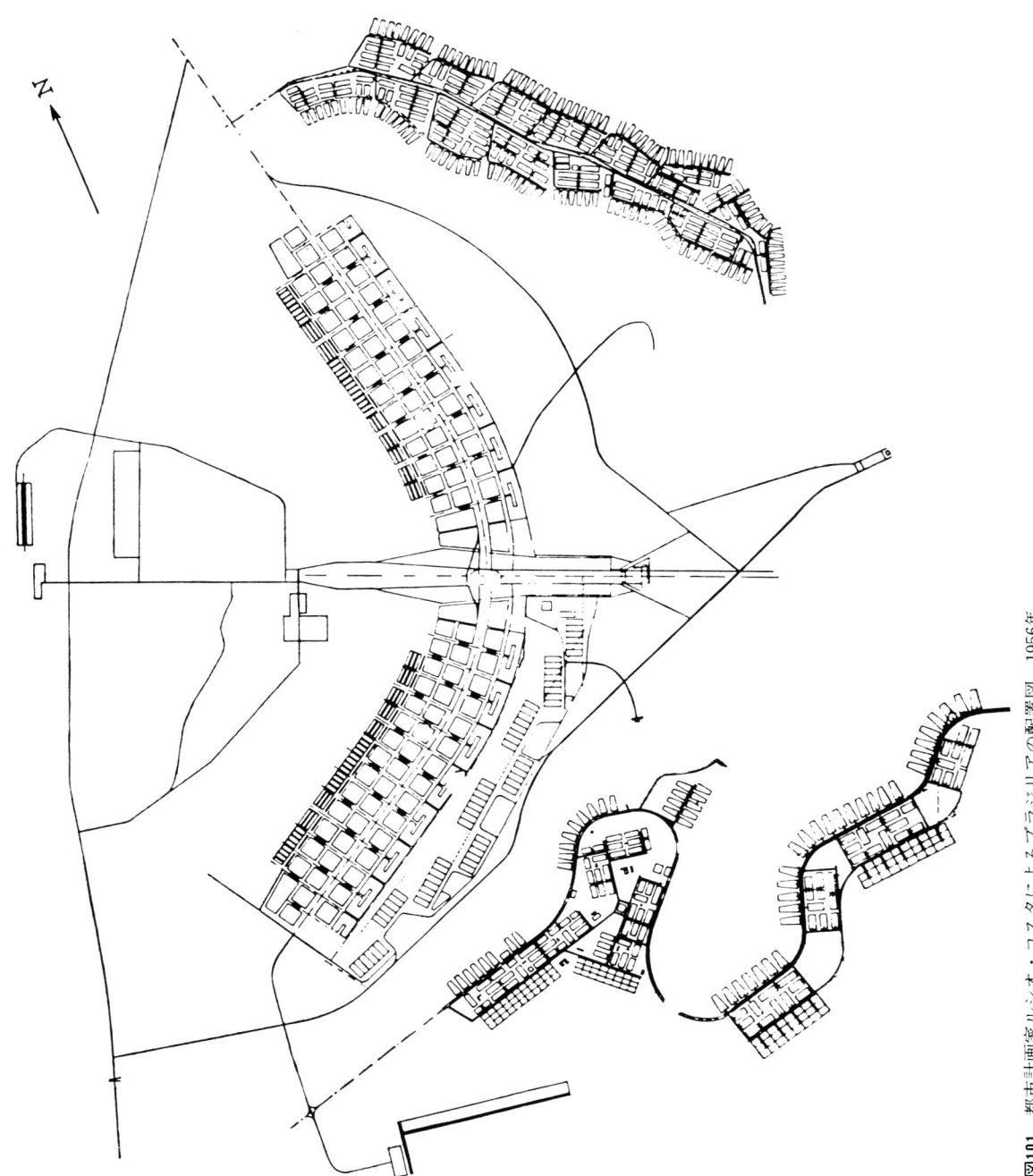

図101 都市計画家ルシオ・コスタによるブラジリアの配置図, 1956年。

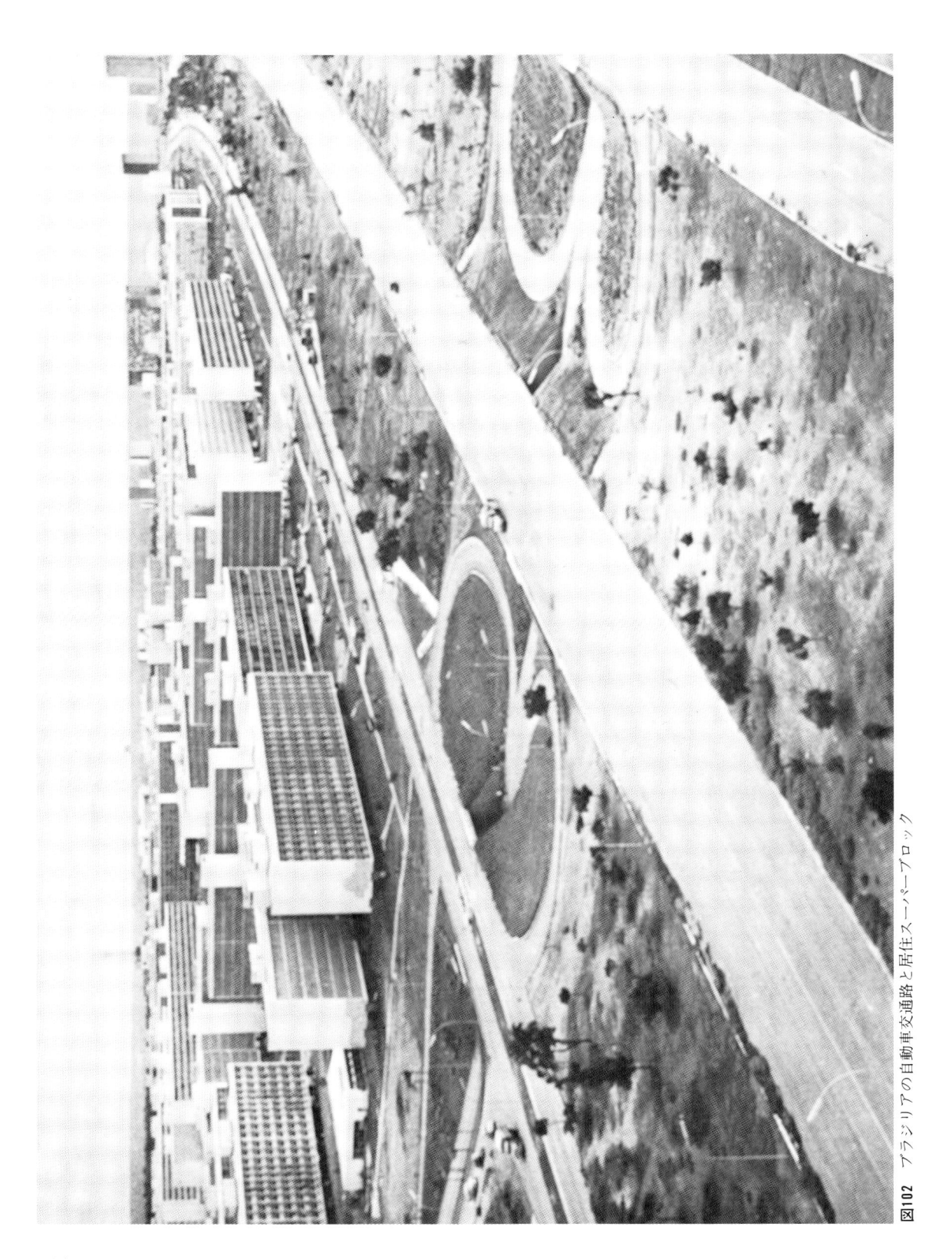

図102 ブラジリアの自動車交通路と居住スーパーブロック

補　遺

ル・コルビュジエに関する批評(クリテイツク)

ル・コルビュジエの都市計画が何ら賞賛を得なかったと考えるのは正鵠を得てないにしても，あらゆる批評家に何らかの批判の対象を与えたのも事実である。彼の非現実的ともいえる計画は分権主義者，中央集権主義者の双方から，また，審美家，実用主義者(プラグマティスト)の両者からも好ましからぬ批評を受けた。その計画は共産主義(コミュニスト)呼ばわりされ，一方で，資本主義(キャピタリスト)的とも批判され，視覚的，機能的側面，また社会的側面からも攻撃を受けた。さらにデザイン的には評価する者でさえ，総合性に欠けると批判を加えたのである。

ル・コルビュジエの初期の都市計画にみられる建築タイプの単純化，建築の画一性は，伝統建築の美しさに満ちた豊饒さと多様性をなくすものとみなされた。〈300万人のための現代都市〉について，あるイギリスの批評家は次のように述べている。「ドームも尖塔もない。いや，そればかりか，特に面白味のある建築的特徴は何一つ見られない。建築形態は，まるで極端な清教徒(ピューリタン)の厳格な検閲を受けたかのようで，無害な二，三の特徴と純粋さがどうにか残されているのみである。建築家が二，三の要因のみに注意をめぐらして，その他の点をまるで無視するならば，理想都市，ユートピア都市をつくるのははるかに簡単である。コルビュジエの町は死んだ町だ。建築的ニヒリズムに他ならぬ」[124]。

建築ばかりでなく，オープン・スペースの扱いも，都市を包み込むという伝統的概念を壊すものとして非難されることが多かった。「ル・コルビュジエのプランは，人々が一般に都市に望み，期待するオープン・スペースの『拡充』という都市概念を簡単に無視しているようだ。ル・コルビュジエは，オープン・スペースをむやみにつくり出しているにすぎない」[125]。

ル・コルビュジエの都市計画は，大規模な中心都市への賛歌であると捉える者が多かったが，密集居住地区を主唱するジェーン・ジェコブスは，オープン・スペースを広く確保している点で，ル・コルビュジエを田園都市派のデザイナーに帰属するとみなして，この面からの批判を加えている。

「皮肉にも『輝く都市』は，『田園都市』から直接派生している。ル・コルビュジエは，ともかく表面的には『田園都市』の基本的イメージを受けいれた上で高密度下で実用的なように改良したのだ。……ル・コルビュジエの『輝く都市』は，『田園都市』をもとにしている。田園都市派の計画家および住宅改革者，学

生，建築家のうちにますます増えつつある田園都市追随者たちは，性こりもなく『スーパーブロック，近隣住区計画，絶対的な計画，それに芝生，芝生，芝生……』といった観念を人々の間に広めようとしていたのである。さらに彼らは，このような特性を人間的で社会的に責任のある，機能的な，高潔な計画として確立するのに成功していた。ル・コルビュジエは実際，自分の構想を人間的，都市機能的な言葉で正当化すべきではなかった。もしすぐれた都市計画といわれるものが，『こまどりが草の上で躍びはねる』というような現実ばなれのものならば，ル・コルビュジエの考えのどこが間違っているというのだろうか」[126]。

ル・コルビュジエの計画への批判は，都市美に限らず，機能的弱点もすぐさま指摘された。〈300万人のための現代都市〉の失敗は，拡張する余地がないこと，建物が規格化されていて，柔軟性に欠けることであると指摘された。高層のオフィス・ビルは，画一的で，変化の多い商業上の使用には向かないと見られたし，またアパートは，多様化した居住ニーズには合わないようであった。フレデリック・ヒオーンズは，Town Dwleling in History (London, Harrap, 1956) という彼の概説書の中で，ル・コルビュジエの高層住宅は，実用的でないし，安全性にも欠けるとした。彼は「火事やパニックに陥ったとき数百人もの居住者が危険に見舞われ，そして避難手段にも欠けている」と懸念している。そして，ル・コルビュジエの都市計画全般に対しては，「自然で安全で便利な生活形態という問題から逃避している」[127]と非難している。

一方，交通システムは，駐車場設備を欠いているので非現実的であり，高スピード故に危険性を増幅すると見られた。1920年代には，道路の幅が必要以上であると批判され，その後，時代がたって高速道路が一般的になってくると，次のように批評された。「ル・コルビュジエは都市の中に高速自動車の流れをもちこんだ。都市を迂回させずに都市の中心部に貫入するようにしたから，パワフルで破壊的な力（フォース）を組み込んでしまったのである……，現在，われわれが経験する都市の交通量からすれば，ル・コルビュジエの理想都市を貫くこの広い交通動脈は，人々がこれを横切ってつきあうことを妨げ，結果として人々を分離させ，都市を四角形や三角形の区域に分割してしまうのである」[128]。

また，ル・コルビュジエ自身は特定の社会原理を生み出そうとしたわけではなく，自らの仕事を単なる技術的貢献だと見ていたが，多くの者は彼の計画に社会的な意味合いを見いだして慨嘆した。ヒオーンズの見解によれば，ル・コルビュジエが提唱したのは「心地良い現在の生活様式がウェルズ流のロボット的な生活様式にとってかわられるかもしれないということだ。しかしどんなに言葉が巧みでも，またグラフィック上の器用さがあっても，批評眼のある判断力とか，人間に生まれながらにそなわり，基本的には変わりようのない文化的，社

会的や好み，さらに，家庭に対する人間の好みとかを正しく理解することの代用はできない」[129]。さらに，ル・コルビュジエの都市の画一性は，現代の超大国の規格化された無名性の縮図を示しているという人もいる。S.D.アドスペッドは，「コルビュジエにとってヒューマニティ（はたして彼の人間像をこう呼んでいいかは疑問だが）とは，まっすぐな道に沿った四角の小部屋に追いたてられるべき数知れない将棋の駒なのであった。彼は，細胞組織の原理に基づいて都市計画を練る共産主義者であり，市民を鋳型にはめこもうとするのである」[130]。この一方で，一部のロシア人は，1930年代に，ル・コルビュジエの都市計画は，ブルジョワ的商業主義の象徴であると批判したが，こうした意見は，パーシバルやポール・グッドマンの書物にも反映している。彼らは，ル・コルビュジエの都市計画は資本主義経済の賛美であり，階級差別を永続させるものであるとする。「輝く都市は，理想，あるいは既に崩壊してしまったものとして，1925年という現状をそのまま完結させたにすぎない」[131]。

そして，さらに新しい社会理念を求める戦後世代にとっては，ル・コルビュジエは，社会改革に対して不埒にも冷淡なように思えた。「私の知る限りル・コルビュジエは，このとどまるところを知らぬ消費社会，死をもたらすような商業主義の借金経済，人間扱いを受けない自動化，そして精神分裂的な叫びをあげている今の時代を未だに受けいれているようである。彼はあまりにも専門的かつ建築的熱情にとりつかれていて，この時代の正当性は真剣に考えたことはないのである。彼は特定の政治信条を持ったこともないし，また，自分でもその作品は，ブルジョワ資本主義社会のためでも，また，第三インターナショナルに献げるためでもないとわれわれに率直に語ってくれる。——まるでこれ以上考えられないとでもいった風に『これは技術的な作業なんですよ』と，構えない純朴さで彼は語る。しかし，都市計画者，そして，まさに建築家も，今の世において，政治問題やその背景としての哲学的，経済学的思想を避けて通ることができるのであろうか。好むと好まざるとにかかわらず，都市計画は即ち政治なのだ。……確かに刺激的ではある。しかし，にはなるが，ル・コルビュジエの鮮やかな，そして，純粋に建築学的な哲学だけでは，われわれはいつまでも望みをつなぐことはできない。いまやもっと大きい希望が必要である。……救貧院の中庭をより広く，より衛生的にするといった構想より，はるかに活力あふれるイメージが必要とされている—たとえ中庭の真中に木が植えてあっても無力なのだ」[132]。

次のような批評もある。「ル・コルビュジエは人間のことを考えながら一生を送ったのであるが，彼の人間についての概念たるや自分自身をモデルとした画一的な人間像なのであった」。ル・コルビュジエのコミュニティ意識は，本質的に権威主義的で修道院的なものであったという観点からすると，次のように結論

できる。「『輝く都市』の欠点は技術的・量的なものではない。その概念の弱点は，根本的で質的なその都市心理学にある」[133]。

ル・コルビュジエの計画にみられるすさまじいほどの変革のスケールは，人々を驚かせたが，それでも足りぬと批判した人もいた。彼は，計画の実現にはあまり関心を払わないようであった。こういう批評もある。「ル・コルビュジエは，都市計画の物理的(フィジカル)な側面について，雄弁に，自信に満ちあふれ，また，謙虚に語った。しかし，都市計画の手段と方法に関する質問だけはあいまいに聞きながした。『財源だって？　家に壁がなく，屋根もなく，土台がぐらついているのを見なさい。上着を脱いで腕をまくり上げて，仕事にかかる。農民は農作業を，れんが積み職人はれんが積みを製造業者は製造をすればよい。人は食べるために生きるにあらず。生きるために食べるのだ。これを財務用語に言いかえればよい』と。彼は，このような輝かしい単純化ともいえることを絶えず書いているが，用をなさないし，退屈であるし，また彼の高弟以外には，どうも説得力がない。どうやらル・コルビュジエはわれわれの時代において，日常人が満足できるように現実とユートピアとのギャップを埋めることのできない，数少ない優れた知性の持ち主の一人なのであろう。しかし，そうした日常人に，彼らは，こもごもの下仕事を頼っているのである。……」[134]。

また，ウィリアム・ホルフォードは，ル・コルビュジエの計画は，その静的特質のため，近代世界の社会的，経済的変化のスピードについていけないのではないかと批評した。「ル・コルビュジエがあのように鮮明に描き出した目標が社会全般に受け入れられるのには時間がかかるであろう。そして，それが新築あるいは都市再建という形で実現されるようになるには，さらにまた時間を費やすだろう。戦争前後で大きく生活が変わったように，そのころには，生活様式も今とずいぶん違ったものになるであろう。そして，その時には，特定の構造原理，空間原理が有効であり続けても，有効とは限らないものも現れるかもしれない。明日に限界の見える街は，明後日には死んだ街となるかもしれないのである」[135]。

エルウィン・ガットキンは，ル・コルビュジエの輝く都市を初めて見たとき，そのデザインに感嘆したが，しかし「彼のやり方はまだ生ぬるい……理論自体，30年も遅れている。今日の都市計画の中心課題はもはや「街(タウン)」計画にとどまらない。また，メトロポリスや，大都市の計画にとどまるものでもない。むしろ国全体の計画，少なくとも広域にまたがる地域計画なのである。……彼の計画を実現しても，真の意味での解決，真の意味での創造とはならないだろう。良いところで，せいぜいスラム・クリアランスくらいである。……われわれは，『輝く都市』（La Ville Radieuse）のかわりに『輝く国家』La Totalité Du Pay Radieux）を求めねばならない」[136]。

都市および地域計画の範囲が，ますます技術的に複雑になるにつれ，大いなる単純化を行使したル・コルビュジエは，都市計画の主流から次第にはずれるようになった。戦時中には，ル・コルビュジエは，思考の範囲を広げて，放射環状都市を結ぶ線状工業都市という図式的な地域定住計画をつくった。しかしこれは，どんな経済的基盤があるわけでもなく，今までの彼の都市計画と同様に，都市成長を促すさまざまな要因に対応した結果というよりは，単に，勝手気ままに物理的な秩序づけをしたにすぎなかった。どんなに視野を広げても，ル・コルビュジエには，デザインと計画との間に横たわるギャップを埋めることはできなかったようである。

　ル・コルビュジエの批判者たちが主張するのは，ル・コルビュジエは生涯を通じて――例えば，デザイン的には素晴らしい外観をもつものが多いにせよ――都市の抱える多くの問題，現実問題と取り組むことを避けたということである。1929年に出たタイタン・エドワーズの所見は，30年後までも響いてくる。「ル・コルビュジエ氏による提案の実質的効果は，都市の過度の単純化である。しかしわれわれが求めるのは，単純化ではなく，秩序である。……現代都市は，個々の演奏がまずかったり，あるいはまた，個々の楽器自体，音程のはずれたものがまじっているような，一大オーケストラのようなものだ。改革者の役割は，この音楽を高めること，そして楽器を調律することであって，オーケストラを縮少してしまうことでもなければ，狙った音響効果を簡単にしてしまうことでもない。ル・コルビュジエ氏は，このための忍耐力に欠けている。そしてオーケストラのかわりに，五音ほどしか出ないような，ブリキの笛だけで演奏している。これで，彼は，正確でリズミカルな旋律を奏でるつもりである。しかし，これでは不十分なのだ」[137]。

原　注

本書では，後に出た英語版から注釈をとった場合でも，その発行年はル・コルビュジエのフランス語初版本に準拠している。

〈現代都市〉

1. Le Corbusier, "Creation is a Patient Search" (New York : Frederick A. Praeger, 1966).
2. Le Corbusier, "The City of Tomorrow" (London : The Architectural Press, 1947), p. 163. 同書はこれ以前にフランスで出版されている。"Urbanisme" (Paris : Éditios Crès et Cie, 1925). (『ユルバニスム』樋口清訳，鹿島出版会，1967年)
3. 同書　p. 164
4. 同書　p. xxi
5. Henry Lenning, "The Art Nouveau" (The Hague : Martinus Nijhoff, 1951), p. 24の中で言及されているものの要約。
6. ガルニエの図面は，1917年まで出版されず，この図面が特に強い影響を与え出すのはこれ以降のことである。本書シリーズの中のDora Wiebenson "Tony Garnier : The Cité Industrielk" (New York : George Graziller, 1969)(『工業都市の誕生——トニー・ガルニエとユートピア』松本篤，井上書院，1983年) を参照されたい。
7. Le Corbusior, "Towards a New Architecture" (New York : Frederick A Praeger, 1959), p. 52。(『建築をめざして』吉阪隆正訳，鹿島出版会，1967年)。同書は1923年に初めパリで Vers une Architecture (Paris : Editions Crès et Cie) として出版された。ル・コルビュジエによる初めての本格的な理論書である。
8. 同書　p. 51
9. 1912年に初めて開催された未来派の展覧会のカタログの序文におけるボッチーニの言葉。Reyner Banham, "Theory and Design in the First Machine Age" (London : The Architectural Press, 1960), p. 102 で引用されている (『第一機械時の理論とデザイン』レイナー・バンハム著，石原達二・増成隆士訳，鹿島出版会，1976年)。
10. アントニオ・サンテリアによる1914年の展示会，「Città Nuova(新都市)」の導入部の言葉。同書バンハムの著作 p. 129で引用。
11. Le Corbusier, "The City of To-morrow" p.170
12. 同書　p. xxv
13. 同書　p. xxi
14. 同書　p. 59
15. 同書　p. 60
16. 同書　p. 45

17. ル・コルビュジエが親しんだ「Der Städtebau」(都市計画)の仏語版は，原文を何か所か修正しており，特に翻訳者のカミーユ・マルタンは曲がりくねった街路についての新たな一章を書き加えてしまっている。ル・コルビュジエの批判は主にこの章に対してなされている。ジッテの業績をより明確に知るためには，ジョージ・R・コリンズ，クリスチン・C・コリンズ共著，"Camillo Sitte and the Birth of Modern City Planning" (New York : Random House, 1965)参照。さらに，ル・コルビュジエとジッテとの関係については，以下の文献を参照のこと。S. D. Adshead, "Sitte and Le Corbusier" (Town Planning Review, XIV, 1930), p. 85～94。Percival and Paul Goodman, "Communitas, Means of Livelihood and Ways of Life" (Chicago : University of Chicago Press, 1947, passim)。(『コミュニタス』槇文彦・松本洋訳，彰国社，1968年) Rudolph Wittkower, "Camillo Sitte's Art of Building Cities in an American Translation," (Town Planning Review, XIX, 1946-47), p. 164-169。

18. Le Corbusier, "The City of To-morrow", p. XXV. (『ユルバニスム』樋口清訳，鹿島出版会，1967年)

19. 同書　p. 8

20. 同書　p. 17

21. 同書　p. 37

22. 同書　p. 10

23. 同書　p. XXi

24. 同書　p. 93

25. 同書　p. 302

26. 同書　p. 93

27. 同書

28. ル・コルビュジエの「田園都市」の使い方は，フランスにおいて田園都市運動の推進者であったジョージ・ベノワ・レビーのと酷似しており，彼の解釈に由来するとも思われる。

29. Le Corbusier, "The City of To-morrow", p. 100. (『ユルバニスム』樋口清訳，鹿島出版会，1967年)。「田園都市」には，「三百万人のための現代都市」の人口の3分の2以上が住むという事実にもかかわらず全体計画の中では比較的配慮が払われていない。この部分についてル・コルビュジエは一戸建て住宅も考え得るとはしているものの，実際にこの地区で開発した住居は，中心地区で採用したものと似たスポーツ・グラウンドや共有の庭で囲まれたアパート・ブロック型の住居のみである。彼は，オープン・スペースの中に建つこれらのアパート住居群を好んで「垂直の田園都市」と呼んだ。

30. 同書　p. 72。アベ・ロージエは，18世紀のイエズス会のフランス人神父であり，また，1753年には，「Essai sur l'architecture」という建築理論を発表した学者であった。ロージエは簡潔性，形式の純粋性，構造への信頼性への趣好(テイスト)を示し，フランス新古典主義の発展に影響を与えたとみなされている。

31. 同書　p. 74

32. 同書　p. 101。「三百万人のための現代都市」の人口についてはル・コルビュジエの議論は多少曖昧である。人口配分について，あるときは次のように述べている。「中心部には50万から80万人。ただし，日中の仕事のためだけで，夜には

空となる。これらの人々は一部は都市内の居住区に吸収され，残りは田園都市に住む，それから（中心部の周辺に）50万人，田園都市に250万人と仮定しよう」（同書 p.100）。しかしまた，別の箇所で，これと矛盾することを述べている。「1万人から5万人の居住者を収容できる摩天楼が24棟ある。ここは，ビジネス街とホテル街などで，ここには40万から60万人の居住者が見込まれている。2タイプからなる主要な居住ブロックについてはすでに述べたが，ここにもう60万人の収容を見込まれる田園都市は，さらに200万人からそれ以上を収容する」（同書 p.172）。ここで，都心部に「40万から60万人の居住者」と記されていることこそル・コルビュジエが超高層住宅を主唱したと推測される由縁である。しかし，これらの「居住者」をどう収容するつもりであったのかは明確ではない。なぜなら，計画図の都心街には，居住者用建築物と覚しきものはないからである。

33. ル・コルビュジエは，自動車の『シトロエン』と語呂合わせとして『シトロアン』という造語を作った。「換言すれば，自動車のような住宅だ。乗合バスや船のキャビンを作るときの組立てを考えればよい。現在の住居の要求を明確にし，また，それに対する解答が求められている。……住宅を住むための機械，あるいは道具と考えなければならない"Towards a New Architecture", p.222。（『建築をめざして』吉阪隆正訳，鹿島出版会，1967年）。

シトロアン住宅の最初の案は，1920年に生まれ，パリのトラック運転手のための小さなレストランのデザインから，その形態の着想は得られた。ル・コルビュジエは，次のように描写している。「そこにはカウンター（亜鉛製）がある。厨房は奥にあり，天井高を二分するギャラリーがある。前面は道路に面している。ある日，この場所を発見し，人間の家の組立てに必要な要素がすべてここに存在することに気がついた。

採光の簡略化である。両端に大きな開口部があればよい。左右に耐力壁。その上に平らな屋根が載り，単なる箱が実際に住み家となる」著者訳。（ル・コルビュジエ全集1910-29（New York : George Wittenborn, 1964）p.31。初版は，1929年，チューリッヒ，Girsbrgerである）。この箱状ユニットは，「300万人のための現代都市」の集合住宅に適用され，その実物大模型となって，1925年のパリ国際装飾芸術展のエスプリ・ヌーヴォー展示館として建設された。

34. 著者訳。ル・コルビュジエ全集1910～29, p.41

35. Le Corbusur, "City of To-morrow", p.231.（『ユニバニスム』樋口清訳，鹿島出版会，1967年）。ル・コルビュジエは，家事を簡単にしたり，機械化したりする便利な技術を利用することを主張したが，彼のデザインは技術革新をもたらさなかったということは特筆されてよい。ル・コルビュジエのむしろ正統的ともいえる居住概念は，1927年のバックミンスター・フラーによって造られた実験住宅と好対照をなす。この住居ユニットは，1929年に『ダイマキシオン』という名称で呼ばれるようになったが，アルミニウム製のマストからワイヤーでつられた円形リングをプラスチックの膜で覆った居住スペースであった。その住宅は，敷地に影響されず，すぐ組立て分解できる部品単位にできた。

その住宅のためにフラーによって設計された備品は，自動洗濯機，自動皿洗い機，ごみ処理ユニット，組込み式の電機掃除機などがあり，さらにテレビの誕生を予感させるものがあった。また，鉛管工事に下水溝とか水道連結管が必要ないようにデザインされていた。アパートメント・ハウスは，ふくらんだジュラルミン製

のチューブ状の中央タワーから張力のかかったケーブルが伸び，それによって支持された甲板が連続したものと考えられた。そして，その中央タワーは，サービス・コアとしても機能するようになっていた。

36． 同書 p. 188～189
37． 同書 p. 177
38． 同書 p. 236
39． 同書 p. 178
40． 同書
41． 同書 p. 193
42． 同書 p. 57
43． Lewis Mamford, "Yesterday's City of To-morrow", (Architectural Record, CXXXII〔November, 1962〕), p. 141。ル・コルビュジエ自身も，オープン・スペースの規模について，当初計画を立案する段階で懸念を持っていたことは注意してよい。「この空想都市に私が創り出している広大なオープン・スペース—四方を広々とした空に占有されているこの空間—が『死んだ』スペースとなってしまうのではないかと私は非常に憂鬱な気分になった。私はこれらのスペースが退屈なだけであるとわかり，これほど何もない空間を見て住民がパニックに陥ることをおそれた」と述べている ("The Radiant City"(New York : The Orion Press, 1967) p. 106. フランスの初版は，"La Ville radieuse (Boulogne (Seine): Éditions de l'Architecture d'Aujoud'hui, 1935))。ル・コルビュジエが言及したパニック心理については，19世紀の医師によって，「アゴラフォビア」(文字どおり，広場恐怖症) として認められており，都会の中の広すぎる空間に面したとき，多くの人が襲われる不安を指している。ジッテは同様の症状を「Platzscheu」と呼んでいる。
44． Le Corbusier, "The City of To-morrow", p. 239～240
45． 1925年，L'Architectureに載ったこの批評をル・コルビュジエは "The City of To-morrow", p. 133。(『ユルバニスム』樋口清訳，鹿島出版会，1967年) で引用している。当然のことながら，彼は，この批判に賛意を示さず，「事実の単純な言明にもおびえる人々。この人々の教義(ドクトリン)は『人生(ライフ)』だ。さまざまな側面を持ち，尽きることのない変化のある人生。人生，それは二面性と四面性，腐れかかったものと健全なものと清澄なものと泥にまみれたもの。厳格さ，気まぐれ，論理と非論理，善の神と善良なる悪魔。すべてが混沌だ。何もかも一度に入れて，よくかきまぜ，暖かいうちに召し上がれ。なべには『人生』とレッテルを張って」(同書 p. 17) と，彼らの教義(ドクトリン)を軽蔑したように冷やかしている。
46． 同書 p. 277～278
47． 同書 p. 287
48． 同書
49． 同書 p. 282～283
50． 同書 p. 296
51． 同書 p. 288

〈輝く都市〉
52． Le Corbusier, "The Radiant City", p. 43

53. 同書, p. 143. 都市と有機体間のアナロジーへの興味は, ル・コルビュジエの都市デザインに関する最初の本, "The City of To-morrow". フランス版 "Urbanisme"（『ユルバニスム』樋口清訳, 鹿島出版会, 1967年）にみられる。生物の絵が, 体系的機能の例として入っている。心臓と腸のシステム図に添えて, 次のような説明がついていた。「輸送機関, 動力機関, 大幹線, 仕分け施設, 業務部」
54. Le Corbusier, "Creation is a Patient Search". p. 155
55. 近隣住区の概念は, 住居地域にあるコミュニティ・サービスに備えて, 人口単位によって住宅を計画する試みを含んでいた。近代計画史の中で, 近隣住区が最も早く実現されたのは, フォーレスト・ヒルズ・ガーデンであるとされる。これは, ラッセル・セージ財団のクラレンス・スタインによって開発された近隣モデルであり, 1911～1913年にロングアイランドに建設された。

ペリーは, その後, 近隣およびコミュニティ計画に関する概念を "Regional Survey of New York and its Environs in 1929"（『近隣住区論』C.A.ペリー著, 倉田和四生訳, 鹿島出版会, 1975年）として出版した。基本的な居住単位は, 一つの小学校と住宅を必要とする人口（約6,000人）を収容し, 近隣住区は公園, レクリエーション地区, 近隣商店, 地域コミュニティ・センター, 限定された地区内交通をさばく内部街路システムを供給する。近隣住区を囲んで幹線道路がある。近隣住区概念の展開として, クラレンス・スタインとヘンリー・ライトによって設計されたニューヨークのサニーサイド・ガーデンズ（1924年）, ニュージャージーのラドバーン（1929年）があげられる。

輝く都市の2,700人の近隣住区は, コミュニティの必要性とか特質を機能的に分析するのではなく, むしろアパートメント住宅の計画規模を基準においている。
56. Le Corbusier, "The Radiant City", p. 171. ル・コルビュジエの計画の軍事的価値を証明するために, 1930年, 国家空防戦略の空軍中佐ヴォージュによって出版された『空撃の危険と我が国の将来』と題した本をル・コルビュジエは引用している。パリの再開発に関して, ヴォージュは次のように結論を下した。「大都市に関して, われわれの選択するものは, ル・コルビュジエのシステムにすべて当てはまる」
57. 同書 p. 321
58. 同書 p. 197
59. 同書 p. 321
60. 同書 p. 326
61. 同書 p. 321

　田舎を再組織する基盤として高速道路を捉えたものに, 1930年代のフランク・ロイド・ライトによるブロード・エーカー・シティという優れた計画がある。
62. 同書 p. 327
63. 同書 p. 197

〈テーマの変奏〉

64. Le Corbusier, "The City of To-morrow", p. 301。（『ユルバニスム』樋口清訳, 鹿島出版会, 1967年）
65. J. Tyrwhitt, J. L. Sert, E. N. Rogers, "The Heart of the City" (London : Lund Humphries, 1952), p. 171

66. ル・コルビュジエ全集1934～38(New York : George Wittenborn, 1964), p. 28。初版はチューリッヒ : Girsberger, 1939年。ル・コルビュジエは特別にネモールの居住地区開発については熱心であった。そして彼は土地投機が盛んになったり，計画全体を壊してしまうような切り売りがされたりする前に土地の買取りを進めようとしたが不成功に終わった。
67. Le Corbusier, "The Radiant City", p. 177
68. 同書　p. 207
69. Le Corbusier, "The City of To-morrow", p. 301。ル・コルビュジエの都市の持つ社会的哲学への批判については補遺を参照のこと。
70. 同書
71. Le Corbusier, "The Radiant City", p. 9
72. モスクワに関するル・コルビュジエの提案に対するS.ゴーニイのレポートより引用。1930年10月。"The Radiant City"に再掲。p. 46
73. ル・コルビュジエに対してなされたこの形容については，トロントのヴィトルヴィアン・ソサエティで発表されたゴードン・ステファンソンの論文，「ル・コルビュジエ」に詳しく述べられている（Royol Architectural Institute of Canada Journal XXXIII,〔July, 1956〕, p. 201）。1930年代初頭，ソ連政府の近代建築批判の先頭に立ったのが人民委員ルナチャルスキーである。この時期は1931年のソビエト宮殿の国際コンペを焦点としたソ連の政策転換期であった。1920年代にはソビエト連邦は注目に値すべき一連の実験的建築作品を作らせたため，コンペの宮殿に対してはル・コルビュジエや他の近代建築家たちが競って革新的な案を出すといった状況にあった。しかしながら政府方針の急激な転換により非伝統的計画案はすべて考慮の対象外となった。以来ソビエト建築は保守的古典主義様式を採用している。ル・コルビュジエによるモスクワの軽工業館ビルは，1929年に着工され1934年に竣工したが，近代デザインの失敗の証拠としてルナチャルスキーの強烈な批判の的となった。
74. Le Corbusier, "The Four Routes" (London : Dennis Debson Ltd, 1947),p. 126。(『四つの交通路』井田安弘訳，鹿島出版会, 1978年)。初版は"Sur les 4 routes"として出版された(Paris : Gallimard, 1941)。
75. ル・コルビュジエがリオ・デ・ジャネイロを訪ねたとき，もう一人のフランス人，アルフレッド・アガシュが，リオのマスター・プランの作成に従事していた。アガシュは正当的な古典主義者で，ル・コルビュジエは，リオまで行って同国人と必然的に相いれない見解を述べることにいくぶん躊躇していた。

当初，彼は建築の理想と自身のパリのプランについてのみ話しをすることで同意していたが，リオの景観の魅力には抵抗しがたく，聴衆を前に次のように述べた。「リオについては口を開かないと自分に誓っておりました。しかし今ここに来て話さないではいられないのです」―著者訳(Précisions sun un état présent de l'architecture et de l'urbanisme (Paris : Editions Crès et Cie, 1930 : 再版 : Vincent, Fréal et Cie, 1960), p. 236)。アガシュとル・コルビュジエとの関係はまったく不仲というわけではなかったようだ。アガシュは知事に対して次のようにル・コルビュジエを語ったといわれる。「ル・コルビュジエは窓を震撼させる男，風を起こす男であり，われわれをはじめ他の者は，彼の後に従っているだけなのだ」(同書 p. 237)。ル・コルビュジエは，訪問中アガシュによるリオのプラ

ンへの公然とした批判は控えていたようである。けれども彼は後に"The Radiant City"の中にこの計画図を入れ，その説明として次のように書いている。「古典派の都市プランナーはここでまたしも中庭や廊下状街路を提案している」("The Radiant City," p. 223)。1936年，ル・コルビュジエは，教育大臣の要請で，新しい教育省の建築デザインへのアドバイスをするためにリオを再訪した。このとき，また，彼はリオ大学の新計画も立案している。

76. Le Corbusier, "The Home of Man" (New York : Frederick A. Praeger, 1948), p. 135. (『人間の家』西沢信弥訳，鹿島出版会，1977年)。フランスでの初版は"La Maison des hommes" (Paris : Librarie Plon, 1941)
77. ル・コルビュジエ全集1946～52 (New York : George Wittenborn, 1953)。
78. 著者訳。Le Corbusier, "Precisions" p. 234～236. (『闡明』古川達雄訳，二見書房，1942年)
79. 同書　p. 244
80. 同書　p. 245。ル・コルビュジエの計画に影響を受けた後続の計画としては，ジェフリー・ジェリコ，"Motopia" (New York : Frederick A. Praeger, 1961), p. 76を挙げることができる。ここでは，屋上が自動車道となっている連続した集合住宅ブロックが，巨大なグリッドをなして広がっているという幻視的な提案がなされている。
1936年，ル・コルビュジエはリオの改良案を出した。この中では，広く間隔をとった超高層ビルと，線状の集合住宅から成る自動車高速道を除けば，全敷地は建物から自由になって開放されている。
81. ル・コルビュジエがアルジェの都市計画を始めたのは19..年である。そのきっかけとなったのは，彼が「The Friends of Algiers」という市民グループに「近代技術による建築革命」，「建築革命はどのように大都市問題を解決できるか」についての講演をするべく招待されたことであった ("The Radiant City", p. 228)。アルジェには総合都市計画が必要であると語る中で，ル・コルビュジエはこの都市がもはや地方の一つの植民センターではなく，アフリカ大陸の中枢であり，また，パリ，バルセロナ，ローマ，アルジェを含む地中海地域に集中した新しい経済グループの一部であると表現した。
82. 同書　p. 247
83. 同書　p. 260
84. Le Corbusier, "When the Cathedrals were White" (New York : Roynal & Hitchcock, 1947), p. 90. (『伽藍が白かったとき』生田勉・樋口清訳，岩波書店，1957年)
85. 同書　p. 51
86. 同書　p. 56
87. 同書　p. 41～42
88. 同書　p. 153
89. 同書　p. 86
90. 同書　p. 87
91. Le Corbusier, "The Home of Man", p. 79. (『人間の家』西沢信弥訳，鹿島出版会，1977年)
92. 輸送機関のラインと平行して建物を走らせる線状都市の構想は，1882年，ス

ペイン人のアルトゥロ・ソリア・イ・マータが初めて提唱した。彼はマドリッドを取り囲む鉄道線路に沿って建物を拡張するとの線状計画を立案し,一部は建設された。線状都市形態は,無限に拡大できる可能性を具現化したものであるとして,ソリア・イ・マータはこうした都市は「カデスからセント・ペテルスブルグ,北京からブリュッセルに至るまで」拡張できると思いを馳せたのだった。ソリア・イ・マータの業績についての詳細な研究は,ジョージ・R・コリンズの "The Ciudad Lineal of Madrid", (Journal of the Socity of Architectural Historians, XVIII, 〔May, 1957〕, p. 38〜54と, "Arturo Soria y la Ciudad Lineal"（マドリッド, 1968年）を見ること。線状都市計画に対する追加的考察については,ジョージ・R・コリンズの "Linear Planning Throughout the World" "Journal of the Society of Architectural Historians, XVIII", 〔October, 1959〕, p. 74〜93, "Pedestrian in the City" (Architects' Year Book, XI), "Linear Planning, Its Forms and Functions", "Dutch Forum, XX, No. 5 〔March, 1968〕, p. 2〜26を参照。

ル・コルビュジエの線状計画の構想はどこに由来するか明らかではない。彼はソ連の理論家たちと親交があったし,また線状計画を唱えたフランスの経済学者シャルル・ジッドの影響をも受けたとも考えられる。

93. Le Corbusier, "Concerning Town Planning" (New Haven: Yale University Press, 1948), p. 46。フランスにおける初版は "Propos d'urbanisme" (Paris: Éditions Bourrelier, 1946)

94. 同書 p. 122

96. ル・コルビュジエ "L'Urbanisme des, trois éstablissements humains" (Paris: Éditions de Minuit, 1959), p. 129。1944年初版。(『三つの人間機構』山口知之訳,鹿島出版会,1978年)

97. ル・コルビュジエ全集1952〜57 (New York: George Wittenborn, 1964), p. 176。初版 Zurich: Girsberger, 1957

98. フーリエは1808年に初めて彼の理論を詳説した。その後も "Le Phalanstère on la Ráforme ludustrielle" (1832〜34), "La Phalange" (1836〜43), "La Démocratie Pacifique" (1843〜50) など一連の新聞の発行を通じて自らの考えを表明し続けた。彼は,さまざまな人間の気質をバランスさせることで,普遍的な調和が達成されると考え,彼のコミュニティは,その一方法であると考えた。フーリエは米国に少なからぬ衝撃を与えた。彼の崇拝者にはニューヨーク・トリビューン紙の編集者ホレース・グリーリイがおり,また彼の概念はブルック農場・コミュニティの形成に影響を及ぼした。フーリエの構想は,実業家のシャルル・ゴダンがある程度実現した。1859年,ゴダンは,ギィースにある自身の鋳鉄工場の労働者用住居にファランステールの概念を採用し,その共同住宅をファミリステールと呼んだ。ル・コルビュジエはフーリエに親しんでおり,"The Marseilles Block" (London: Harvill Press, 1953) の中で彼に言及している。ル・コルビュジエのコミュニティ概念について,さらに詳しくは, Peter Serenyi, "Le Corbusier, Fourier and the Monastery at Ema" (Art Bullatin, XVIX 〔December, 1967〕, p. 277〜286) を参照のこと。

99. Lewis Mamford, "The Sky Line: The Marseilles Folly", (The New Yorker, XXXIII 〔October 5, 1957〕, p. 92。オープンされてから5年後にマン

フォードはこの建物(ユニテ)を訪れているが,「ユニテ」の中でどうにか成り立っているのは,小さな雑貨店のみであり,洗濯屋はうまく運営されず,ホテルやレストランは不足していると報告している。ル・コルビュジエによる二番目のナントの「ユニテ」においては,彼は,もう少し客の入りが良くなるよう,店舗を一階に配置している。

〈シャンディガール〉

100. ポーランド生まれの建築家,マシュー・ノヴィッキは,シャンディガールの第一次設計案に,マイヤーとともに携わっていた。パンジャブ政府は,シャンデガールの都市開発の指導者としてマシュー・ヴィッキを引き続き採用するはずであった。しかし,1950年の飛行機事故によるノヴィッキの不慮死で,新たな建築家が必要となり,折からのドル不足で選考対称地域は軟貨の地域に限られた。人選には,パンジャブのチーフ・エンジニアであるP. L. バルマと,行政官のP. N. タハールとが当たった。

マックスウェル・フライ,ジェーン・ドリュー,ピエール・ジャンヌレが,上級建築家として3年契約を結び,このプロジェクトに参加した。ル・コルビュジエは年2回,おのおの1か月,シャンディガールに滞在する条件で建築顧問になった。3年契約の完了後,フライとドリューは本国への帰途についたが,ピエール・ジャンヌレはシャンディガールに残り,1965年まで,首都計画事務所の指揮をとった。程なく彼はパンジャブのチーフ・アーキテクト兼プランナーに就任し,その権限をもってタルワラ・タウンシップを計画するに当たっては,シャンディガールの都市計画を線形の地形に応用している。ここでは,シャンディガールの住宅地区に似た居住地区の家並みが,鉄道と高速道路という産業機構のベルトと並行して走るよう計画されていた。シャンティガールの都市計画の詳細は,ノーマ・エヴァンソン, "Chandigarch"(シャンディガール) (Berkley : University of California Press, 1966)を参照。

101. L. R. ネール, "Why Chandigarh" (Simla : Publicity Department, Punjab Government, 1950年), p. 6から引用されている。パンジャブ地方は,インド分割後に再編成されたときには,ヒンズー語を話すヒンズー族とパンジャブ語を話すシク族が住んでいた。やがてシク族内に,別の州を作る動きが沸き上がり,何年にもわたるたゆまぬ運動と政治圧力の末に1966年,中央政府は同地方を分割して,現在のシク族の住むパンジャブと,ヒンズー族の住むハリアナになった。シャンディガールは両州の合同州都となり,連邦政府領とされた。

102. ル・コルビュジエ全集1946〜52, p. 11。

103. Christopher Rand, "City on a Tilting Plain" (The New Yorker, XXXI 〔April 30, 1955〕), p. 42。

104. ル・コルビュジエ,1953年3月18日,デクベール宮における記者会見で配られた論文より。

105. 黄金分割は,古代ギリシア人によって考案された一種の比例である。大きな部分の小さな部分に対する割合が,全体に対する大きな部分の割合に匹敵するように図形あるいは線分を分割することである。黄金矩形とは,横の縦に対する割合が,縦の二辺の合計に対する割合と等しくなるような長方形を指す(すなわち, $a : b = b : a+b$)。ル・コルビュジエの考案したプロポーショニングシステムは,

モデュロールと呼ばれ，ルネサンスの理論家に特徴的である調和ある均整体系といった概念，また，人間のプロポーションと建築のプロポーションとは対応があるべきとする彼らの信念といくらか通底している。モデュロールとは，基本的には背丈6フィートの人間が座す，立つ，休む等，さまざまな姿態をとったときの一連のプロポーションのことである。立っている人間と両手を挙げている人間に基づいて，2種類の尺度が考案された。ル・コルビュジエが説明しているように，「モデュロールとは人体と数学とに基づいた尺度である。両手を挙げた人が空間を占有する点，つまり足みぞおち，頭，挙げた手の指先，が生み出す3つの間隔は『フィボナッチ級数』と呼ばれる一連の黄金比を形成する」(The Modular, p. 55)。モデュロールとは，2つのモデュール，つまり長さとスケールの基準寸法を合わせもったものになるはずであった。また，プロポーションづけをする道具となるのみならず，モデュロールの価値は，メーターからフィートやインチに，換算する際の手段ともなる。さらに，また，ル・コルビュジエは，このシステムが建築構成材のプレファブ化や工業製品を作る際の万国共通の比率となることを希望していた。モデュロールの概念について，彼は2冊の本を著している。"The Modular" (Cambridge : Harvard University Press, 1954年)(『モデュロールⅠ』吉阪隆正訳，鹿島出版会，1976年) と，"Modular 2" (Cambridge : Harvard University Press, 1958年)(『モデュロールⅡ』吉阪隆正訳，鹿島出版会，1976年)である。前者は初めは，1950年に，ブルゴーニュ (Seine) で Éditions de l'Architecture d'Aujourd hui に掲載され，後者は，1955年にパリで Édition de l'Architecture d'Aujourd huiに発表しされた。なお，モデュロールに対する批評については，1957年ボイド著作，1954年コリンズ著作，1948年ガイカ著作(「主要参考文献」参照)，さらにウィットコウアー，"Four Great Makers of Modern Architecture" (1963) を参照されたい。

106．ル・コルビュジエはVの記号をすべての道に入れたいと考えていた。「たとえば，『リパブリック通り』『ロータス通り』と呼んでも釈然としないが，『V2リパブリック』『ロータスV5』と名づければ，何もかもが明瞭になる。通りの特性・重要性も，街の中での位置も，その他，たちどころにわかる」(Le Corbusier, "The Master Plan", Marg XV〔Nobember, 1961〕, 9) と彼は説明している。しかし，シャンディガールの通りの銘名には，ル・コルビュジエの提案は取り入れられなかった。

107．ランド著の前掲書，p. 50に引用されている（注103参照のこと）。

108．Le Corbusier, "Modular Ⅱ", p. 215

109．ル・コルビュジエ全集1946〜52, p. 157に引用されている。

110．Le Corbusier, "The Monuments"〔Marg, XV〔December, 1961〕), p. 10〜11

111．Le Corbusier, "Modular Ⅱ", p. 254

112．ル・コルビュジエ全集 1946〜52, p. 159。

113．パンジャブのチーフ・エンジニアであるP. L. バルマによるその宣言文は書かれた。

114．一般的に言って，英国の植民地時代には都市計画を地方風土と調和させようといった努力はほとんど払われなかった。その例外は1915年から1919年にかけて，18のインドの都市に関する計画報告書を作成したパトリック・ゲデスの業績

である。既存環境の欠陥は修正しながらも，その美点は維持するという保守的なプランニングを，ゲデスは一貫して提唱した。インドのプランニングや建築教育は，いまだに海外からの概念が支配的であることを考えれば，シャンディガールの欠点も，もとは外国の建築家の責任であるとはいえ，インドの建築家に依頼した場合でも，十分起こり得たと考えられる。ル・コルビュジエの死，ジャンヌレの引退，さらにシャンディガールがパンジャブ地方の分割で新たに作り出された2地方のための連邦政府領となるという政治的な再編を経て，シャンデガールは第二計画期に入ったと言えよう。この第二期を担当するインドのプランナーたちは，より小規模商業に目を向け，また，より強いコミュニティ意識を形成するために，建物配置のパターンを改善したいと発表している。

115. Le Corbusier, "The Radiant City", p. 230
116. ル・コルビュジエ全集1957〜65 (Zurich : Girsberger, 1965), p. 230

〈ル・コルビュジエの構想〉

117. Le Corbusier, "The Radiant City", p. 204
118. Lewis Mumford, "Architecture as a Home for Man" (Architectural Record CXLIII,〔February 1968〕), p. 114
119. Lewis, Mumford, "Yesterday's City of Tomorrow" (Architectural Record, CXXXII,〔Nobember, 1962〕), p. 141。ル・コルビュジエに関する批判については，補遺参照。
120. たとえばワルター・グロピウスも，ル・コルビュジエが提唱しているものと類似する都市住居を提唱している。1930年の C.I.A.M 会議に配布された論文の中で，彼は建物の間隔を広くとった10〜12階建てのアパート群パターンを推奨している。ル・コルビュジエと同様にグロピウスも「コリドール・ストリート（廊下状道路）」を廃して，より緩く柔軟な都市構造を作り上げようとした。彼は次のように説明している。「都市を再生しなければならない。すなわち，空気，太陽，オープンな公園等を最大限にとり入れ，距離，交通の不便さ，また運営費を最小限にとどめるという都市特有の住居の開発を結果としてもたらす刺激剤を都市は必要としている。中層階からなるアパートならば，このような条件は満たせる。それゆえ，アパート・ブロックの開発が都市計画の緊急の課題であろう。そうであれば，一家族向けの一戸建住宅は，論理的な帰結として都市を否定し，離散させる格好となり，何ら万能薬とならない。都市の枠組みを柔軟にし，しかし解体させないことを目的とすべきである。利用できる技術力を駆使し，使い得るすべての土地―屋上さえも最大限に生かすことによって，全く正反対とも言える「街」と「田舎」を近づけることができよう。自然との出会いを日曜日だけのものではなく，日常的なものとできるように」(Sigfried Giedion, "Walter Gropius-Work and Teamwork" (New York : Reinhold Publishing Corp, 1954), p.80〜81に引用されている)。
121 戦後の多くの建築物に対して，あまりに環境が整然としすぎている，といった批判はついて回った。英国・ニュータウンの建設が進むにつれて，都市らしさに欠けるとの非難が多くなった。ゴードン・カレンは述べる。「都市の暖かみを生じさせるための人と施設の集合体，これが街の持つ本質的な性格の一つである。どんなに過密で，すすけていて，不潔で，空気が悪かろうと，古い街のほとんど

はこの性格を保持していた。この性格こそ街に必要欠くべからざるものであり、これがなければ街とは呼べない。反対に，この要件を満たせば，空気が悪かろうと，取るにたらぬ欠点に過ぎなくなる。この性格，これを街らしさと呼ぼう」("Prairie Planning in the New Towns", Architectural Review, CXIV〔July, 1953〕), 34)。また，次の文献も参照のこと。J. M. Richards, "The failare of the New Towns",(Architectural Review, CXIV〔July, 1953〕), p. 28～32。また，ジェーン・ジェイコブスは，大きな論争をまき起こした自身の著作，"The Death and Life of Great American Cities" (New York : Random House, 1961)。(『アメリカ大都市の生と死』黒川紀章訳，鹿島出版会，1977年) において現代の都市計画を痛烈に批判し，同時に既存の都市環境の持つ複雑な機能を分析している。同女史は現代都市デザインの多くが陥る硬直性を嘆いて次のように語る。「都市は芸術作品とはなり得ない。……都市，あるいは，その近隣でさえも，まるで非常に大きい建築課題のように，精緻な芸術作品に作り変えることが可能であるかのようなアプローチ方法をとるのは，生活を芸術と置き換えるという間違いをおかしている」(p.373)。活力ある都市の内在的要因を語る中で同女史は再開発，宅地開発事業の多くは衛生的であるが，危険な孤立性があると非難する。そして，建物は密集すべきであること，スーパーブロックを廃して，こじんまりとした小区画を増やし，沢山の小道を通すべきであることを強調している。さらに，厳密にゾーニングされた地域のかわりに，住居，商業，事業等さまざまな施設の混在した土地利用を通じて，よりバラエティーに富む，より自発的な成長を説いたのである。

ほかに，作為的でない，自然な都市の発展を説いたのは，ロバート・ベンチューリである。彼の著作，"Complexity and Contradiction in Architeture" (New York : Museum of Modern Art, 1966)(『建築の多様性と対立性』伊藤公文訳，鹿島出版会，1982年) は，イェール大学ビンセント・スカーリ教授に，「たぶん，1923年に書かれたル・コルビュジエの "Vers une Architecture"(『建築をめざして』吉阪隆正訳，鹿島出版会，1967年) 以来，建築の形成上最も重要な著作」と評された。ベンチューリは，彼の言うところの都会の秩序にうわべだけの偽りの明解さを与えようとする人々を，次のように喝破する。「一見したところは，安っぽい要素の滅茶苦茶な積み重ねのように見えても，実はそれが，とても魅力のある活気と効果をもたらし，また，予想せざるまとまりをも生んでいるのだ。矛盾し対立するスケールと文脈とを含んだポップアートの教訓として純粋な秩序を求める堅苦しい夢から建築家を目ざめさせるということがあった。その秩序とは，不幸なことにも既成の現代建築の都市再開発計画において安易な形態的統一，という形で押しつけられながらも，幸いにもどんな局面においても実現するはずのないものである。おそらく，私たちは，たとえ粗野で見過ごされやすいものであろうとも，日常の景観の中から都市を構成する建築にとって有効で力強い，多様で矛盾し対立する秩序を引き出すことができるであろう」(p. 102～103)。デザイナーは一見無秩序無計画に見える環境の作用を学び，これを理解しなければならないとの信念を具体的に説明するにあたってベンチューリは，ラスベガスの分析論文を書いた。"A Significance for A & P Parking Lots or Learning from Las Vegas", (Architectural Forum, CXXVIII〔March,1968〕, p. 36～43), (『ラスベガス』伊藤公文・石井和紘訳，鹿島出版会，1978年)。これ

は次のような書き出しで始まる。「既存のランドスケープから学ぶという方法は，建築家にとっては革命的なことである。それは，パリを取り壊し建設しなおすというル・コルビュジエが1920年代に提案した方法ほど明快ではないが，より包容力に富んだ方法であり，また，物の見方であるといえよう」(p. 36)。

122. ル・コルビュジエは，デザインの専門以外に口出しすべきではないと考えていた。1930年，C.I.A.M.会議で次のように述べている。「近代建築，まして都市計画が，社会状況の直接の産物であることは言うまでもない。個人的にさまざまな調査を重ねて，現代の進歩に遅れをとらないようにすべきであろう。しかし，どうかこの会議開催中には，政治学や社会学の領域に立ち入らないでいただきたい。それらは，あまりにも複雑な現象であり，経済と分かちがたく結びついている。われわれには，ここで，その入りくんだ問題を吟味するだけの力はない。繰り返して申し上げる。この場ではわれわれは，建築家，都市プランナーとしてとどまるべきだ。その専門知識のもとに，われわれは，しかるべき筋に現代技術が成し得る可能性，新しいタイプの建築，および都市計画の必要性を知らしめるべきなのである」("The Radiant City", p. 37)

123. 同書　p. 342〜343

124. Trystan Edwards, "The Dead City," *Architectural Review*, LXVI〔September, 1929〕, p. 135

125. H.A. Anthony, "Le Corbusier: His Ideas for Cities," *American Institute of Planners Journal*, XXXII〔September, 1966〕, p. 287

126. *The Death and Life of Great American Cities* (New York: Random House, 1961), p. 22,（『アメリカ大都市の死と生』黒川紀章訳，鹿島出版会，1977年）。

127. *Town Building in History* (London: Harrap, 1956), p. 354

128. 原注125と同書 p. 286

129. Hiorns, *Town Building*, p. 355

130. "Camillo Sitte and Le Corbusier," *Town Planning Review*, XIV〔November, 1930〕, p. 92

131. *Communitas, Means of Livelihood and Ways of Life*, (Chicago: University of Chicago Press, 1947).

132. Eric de Maré, "What Kind of Tomorrow?" *Architectural Review*, CIII〔June, 1948〕, p. 273

133. Ervin Galantay, "Corbu's Tightrope," *Progressive Architecture*, XLVIII〔June, 1967〕, pp. 198-206

134. M.S., Review of *Concerning Town Planning*, *Architectural Forum*, LXXXVIII〔June, 1948〕, pp. 170-171

135. "Architecture Above All," *Architectural Review*, CIII〔February, 1948〕, p. 68

136. "The Indivisible Problem," *Architectural Review*, LXXX〔October, 1936〕, p. 172

137. Edwards, "The Dead City," p. 137

ル・コルビュジエの都市デザイン年表

ル・コルビュジエによるデザインの挿絵は，適宜，ル・コルビュジエ全集から典拠している。参考文献を参照されたい。

1887	スイスのラ・ショー=ドゥ=フォンでシャルル=エドゥアール・ジャンヌレとして生まれる。
1900	ラ・ショー=ドゥ=フォンの美術学校で勉強を始める。
1906	地中海地方を旅行する。
1908	パリのオーギュスト・ペレーの事務所で仕事を始める。
1910	ドイツのペーター・ベーレンスのアトリエに入る。
1920	オザンファン，ポール・デルメとともに『エスプリ・ヌーボー』誌を創刊
1922	セーヴル街35番地に，いとこのピエール・ジャンヌレとアトリエを開く。サロン・ドートンヌに『300万人のための現代都市』を出品
1923	『建築をめざして』出版
1925	サロン・ドートンヌにパリの『ヴォアザン計画』を出品 『ユルバニスム』出版 大学都市の計画 オダンクール市の住宅開発計画 ボルドー近郊のペサックに住宅団地を設計，建設
1927	ジュネーブの国際連盟本部のための設計競技
1928	近代建築国際会議（C.I.A.M.）の創立メンバーになる。
1929	南米訪問。ブエノス・アイレス，モンテヴィデオ，サン・パウロ，リオ・デジャネイロの都市研究 パリのポルト・マイヨの再開発計画
1930	フランス国籍取得。アルジェ計画A。輝く都市の計画
1932	バルセローナのマスター・プラン
1933	ジュネーブ，ストックホルム，アントワープの都市計画。第4回C.I.A.M.会議において『アテネ憲章』起草。アルジェ計画B
1934	アルジェ計画C
1934—38	農業組合村計画
1934	ヌムールの都市計画
1935	『輝く都市』出版。訪米。エロクールのバタ・コミュニティ計画
1936	パリ『不良街区』のための計画。『パリ計画37』 リオ・デジャネイロ再訪。大学の建築デザイン教育を補佐
1937	『伽藍が白かった時』出版
1938	1929年の計画をもとにブエノス・アイレスのマスター・プラン作成
1942	アルジェの最終計画。A.S.C.O.R.A.L.（建築刷新のための建設者会議）

	創設
1942—43	線状工業都市
1945—46	サン・ゴダンの都市計画。ラ・ロッシェル=パリスの都市計画
1946	国連本部の計画を援助。サン・ディエの計画
1947	マルセイユ旧港とマルセイユ・ヴェイル計画。モデュロールの特許取得
	7V道路システムの展開。『C.I.A.M.グリッド』発表
1947—52	マルセイユのユニテ・ダビタシオン
1948	トルコのイズミル都市計画。サント・ボーム教会計画と『サント・ボームの都市』計画
1949	キャップ・マルタンの別荘のための『ロブ・ロク』計画
1950	ボゴタ計画
1951	マルセイユ・スュド計画
1951—65	シャンディガールのマスタープランとモニュメンタル建築
1952—53	ナントのユニテ・ダビタシオン
1956—58	ベルリンのユニテ・ダビタシオン
1956—57	モー計画
1957	ブリエ=アン=フォレのユニテ・ダビタシオン
1958	ベルリン中心街再建のための競技設計
1960	第2次モー計画
1965	キャップ・マルタンで水浴中,死亡。

主要参考文献

このリストはル・コルビュジエの都市デザインに関する業績のみを扱うことを目的としているが、著書によっては、ル・コルビュジエの他分野の作品考察を含んでいる。各項目は、初版の日付けに従って年代順に記載した。著書は、特記のない限りすべてル・コルビュジエによるものである。

Vers une architecture. Paris: Éditions Crès et Cie, 1923; English translation, *Towards a New Architecture*. New York: Frederick A. Praeger, 1959. 『建築をめざして』吉阪隆正訳、鹿島出版会、1967年。ル・コルビュジエの最初の理論上の主要業績である。そのテーマは、主として建築であるが、都市デザインに言及している箇所もある。

Urbanisme. Paris: Éditions Crès et Cie, 1925; English translation, *The City of To-morrow*. London: The Architectural Press, 1947. 『ユルバニスム』樋口清訳、鹿島出版会、1967年。ル・コルビュジエの都市デザインに関する最初の主要業績である。300万人のための現代都市やヴォアザン計画を詳細に渡って紹介している。

Œuvre complète 1910–29, Zurich: Girsberger, 1929; 『ル・コルビュジエ全集 1 1910—1929』吉阪隆正訳、A. D. A. EDITA Tokyo, 1979年。 George Wittenborn, New York, 1964によって再版されている。この期間中ル・コルビュジエが完成した作品の一覧。

Précisions sur un état présent de l'architecture et de l'urbanisme. Paris: Éditions Crès et Cie, 1930; 『闡明（プレシジョン）』古川達雄訳、二見書房、1942年。 Vincent, Fréal et Cie, Paris, 1960. によって再版されている。ル・コルビュジエの南米での講演にもとづいている。

"Twentieth Century Living and Twentieth Century Building," *Decorative Art* (London, The Studio yearbook), 1930, pp. 9–20. ル・コルビュジエは、住居と関連させて20世紀に支配的である特質を要約している。

Adshead, S.D.Z. "Camillo Sitte and Le Corbusier," *Town Planning Review*, XIV (November, 1930), 85–94. ジッテの計画原理は、ル・コルビュジエのそれと好対照をなす。

La Ville Radieuse. Boulogne (Seine): Éditions de l'Architecture d'Aujourd'hui, 1935; English translation, *The Radiant City*. New York: Grossman, The Orion Press, 1967. ル・コルビュジエの都市デザインに関する2番目の主要著作。1930年代前半の『輝く都市』計画や他の都市計画の紹介を含む。

Œuvre complète 1929–34, Zurich: Girsberger, 1935; 『ル・コルビュジエ全集 2 1929—1934』吉阪隆正訳、A. D. A. EDITA Tokyo, 1979年 George Wittenborn, New York, 1964. によって再版されている。この期間中ル・コルビュジエが完成させた作品の一覧。

"What Is America's Problem?" *American Architecture*, CXLVIII (March, 1936), 16–22. ル・コルビュジエの合衆国訪問中の観察にもとづくアメリカ都市問題の議論。

Samuel, Godfrey. "Radiant City and Garden Suburb; Le Corbusier's Ville Radieuse," *Royal Institute of British Architects Journal*, XLIII (April 4, 1936), 505–509. 『輝く都市』の再考と、英国に関連させてル・コルビュジエの概念を論じている。

Quand les cathédrales étaient blanches. Paris: Éditions Plon et Cie, 1937; English translation, *When the Cathedrals Were White*. New York: Reynal and Hitchcock, 1947; paperback, New York: McGraw-Hill, 1968. 『伽藍が白かった時』生田勉・樋口清訳、岩波書店、1958年。合衆国訪問に関するル・コルビュジエの論評。

"Module for Recreation," *Architectural Record*, LXXXI (June, 1937), 120–121. 工業化以前の社会と、工業化された社会を比較しながら、太陽日の時間分割について論議したもの。

Des canons, des munitions? merci! des logis, … s.v.p. Boulogne (Seine): Éditions de l'Architecture d'Aujourd'hui, 1938.

Œuvre complète 1934–38, Zurich: Girsberger, 1939; 『ル・コルビュジエ全集 3 1934—38』吉阪隆正訳、A. D. A. EDITA Tokyo, 1979年 George Wittenborn, New York,

1964. によって再版されている。この期間中ル・コルビュジエが完成させた作品の一覧。
Le lyrisme des temps nouveaux et l'urbanisme, Strasbourg: Éditions "Le Point," 1939. ル・コルビュジエの都市デザインに向けられた芸術的かつ文学的な批評を載せた刊行物。
Plan de Buenos Aires. Buenos Aires, 1940. マスタープランの紹介。
Destin de Paris. Paris: Éditions Fernand Sorlot, 1941. ル・コルビュジエのパリへの提案の要約。
La Maison des hommes (with François de Pierrefeu). Paris: Éditions Plon et Cie, 1941; reprinted by La Palatine, Paris, 1965. English translation, *The Home of Man*. New York: Frederick A. Praeger, 1948.『人間の家』西澤信彌訳、鹿島出版会、1977年。ル・コルビュジエの都市定型の総合紹介。
Sur les 4 routes. Paris: Gallimard, 1941; English translation, *The Four Routes*. London: Dennis Dobson Ltd., 1947.『四つの交通路』井田安弘訳、鹿島出版会、1978年。陸路、水路、空路、鉄路という輸送システムに関する大スケールの計画の総合原則。
La Charte d'Athens. Paris: Éditions Plon et Cie, 1943; reprinted by Éditions de Minuit, Paris, 1959.『アテネ憲章』吉阪隆正訳、鹿島出版会、1976年。によって再版されている。1933年CIAMのアテネ憲章にもとづいた都市デザイン原理の表明。
Les trois établissements humains. Boulogne (Seine): Éditions de l'Architecture d'Aujourd'hui, 1944.『三つの人間機構』山口知之訳、鹿島出版会、1978年。ル・コルビュジエの全般的な土地定住概念の紹介。線状工業都市、放射・環状交易都市、農村経営単位について言及している。
Propos d'urbanisme, Paris: Éditions Bourrelier, 1946; English translation, *Concerning Town Planning*. New Haven: Yale University Press, 1948. 戦後の世界における都市計画における都市計画の提案で、一連の質疑と回答を表している。
"Plans for the Reconstruction of France," *Architectural Record*, XCIX (March, 1946), 92–93. 戦後の再建におけるエンジニアと建築家の仕事の分担についての論議。
"Plan for St. Dié," *Architectural Record*, C (October, 1946), 79–83. サン・ディエ再開発計画の討議。
Œuvre complète 1938–46. Zurich: Girsberger, 1946;『ル・コルビュジエ全集 4 1938—46』吉阪隆正訳、A. D. A. EDITA Tokyo, 1979年。George Wittenborn, New York, 1964. によって再版されている。この期間中ル・コルビュジエが完成させた作品の一覧。
Manière de penser sur l'urbanisme, Paris: Editions de l'Architecture d'Aujourd'hui, 1946; reprinted by Gonthier, Geneva, 1963; English translation, *Manner of Thinking About Urbanism*. New York: McGraw-Hill, 1969.『輝く都市』坂倉準三訳、鹿島出版会、1968年。プランニングに関するル・コルビュジエの一般的見解。
"Architecture and Urbanism," *Progressive Architecture*, XXVIII (February, 1947), 67. 総合計画原理を繰り返し述べ、ブラジルでのセルトとヴィーナーによる Cidade dos Motores を賞讃。
U.N. Headquarters. New York: Reinhold Publishing Corp., 1947. 国連本部のための用地選択とデザインの問題を議論したル・コルビュジエによるレポート。
Hellman, Geoffrey. "From Within to Without," *The New Yorker*, XXIII (April 26, 1947), 31–36ff. (May 3, 1947), 36–40ff. ル・コルビュジエの総括的研究で、彼の都市化についての見解や合衆国訪問の詳細を含む。
Pokorny, J. and E. Hud. "City Plan for Ziln," *Architectural Record*, CII (August, 1947), 70–71. ル・コルビュジエの1935年の計画に基づく、チェコスロバキアのバチャ靴製造センターのための戦災復興計画。
New World of Space. New York: Reynal and Hitchcock, 1948. ボストン現代芸術協会でのル・コルビュジエの作品展覧会にもとづいた視覚的サーヴェイであり、建築家による論評がついている。
Ghyka, M. "Le Corbusier's Modulor and the Conception of the Golden Mean," *Architectural Review*, CIII (February, 1948), 39–42. モデュロールの数学的根拠の分析。
Papadaki, Stamo. *Le Corbusier, Architect, Painter, Writer*. New York: The MacMillan Company, 1948. ル・コルビュジエの作品の一般的な紹介。Joseph Hudnut ほかによるエッセイを含む。
Stillman, S. "Comparing Wright and Le Corbusier," *American Institute of Architects Journal*, IX (April–May, 1948), 171–178, 226–233. フランク・ロイド・ライトのブロードエーカー・シティー計画と、ル・コルビュジエの都市概念とを比較したもの。
Bardi, P. M. *A Critical Review of Le Corbusier*. São Paulo: Museum of Art, 1950. ル・コルビュジエの哲学を分析しようとする試みであり、ル・コルビュジエの都市デザインにもいくらか言及している。
Le Modulor. Boulogne (Seine): Éditions de l'Architecture d'Aujourd'hui, 1950; English translation, *The Modulor*. Cambridge: Harvard University Press, 1954; paperback,

Cambridge: M.I.T. Press, 1968. 『モデュロールI』吉阪隆正訳, 鹿島出版会, 1976年。ル・コルビュジエのプロポーション・システムの紹介。

L'Unité d'Habitation de Marseilles. Souillac: Éditions "Le Point," 1950; English translation, *The Marseilles Block*. London: Harvill Press, 1953. ル・コルビュジエの一般的な都市概念に関連したマルセイユのアパートの紹介。

"Le Corbusier's Unité d'Habitation," *Architectural Review*, CIX (May, 1951), 292–300. ロンドン州議会の住宅部門のメンバーによって, マルセイユのアパートを種々の見地から論議したシンポジウム。

Tyrwhitt, J., J. L. Sert, and E. N. Rogers, *The Heart of the City*. London: Lund Humphries, 1952. C. I. A. M.のメンバーは, 都市のコア（核）について討議している。ル・コルビュジエによる章は,『芸術との出会いの場としてのコア』(pp.41—52),『フランスのサン・ディエ計画』(pp.124—125),『コロンビアのボゴタ計画』(pp.150—152),『インドのシャンディガール計画』(pp.153—155) である。

Œuvre complète 1946–52, Zurich: Girsberger, 1953;『ル・コルビュジエ全集 5 1946—52』吉阪隆正訳, A. D. A. EDITA Toky, 1979年。 George Wittenborn, New York, 1964. によって再版されている。この期間中にル・コルビュジエが完成させた作品の解説。

Collins, Peter. "Modulor," *Architectural Review*, CXVI (July, 1954), 5–8. ル・コルビュジエのモデュラー・システムの批判的検証。

Modulor 2, Paris: Éditions de l'Architecture d'Aujourd'hui, 1955; English translation, *Modulor 2*. Cambridge: Harvard University Press, 1958; paperback, Cambridge: M.I.T. Press, 1968.『モデュロールII』吉阪隆正訳, 鹿島出版会, 1976年。ル・コルビュジエの空間分割システムの解説と応用。

Les Plans Le Corbusier de Paris 1956–1922. Paris: Les Editions de Minuit, 1956. 都市デザインの原理と実例。『輝く都市』と『ル・コルビュジエ全集』の資料を含む。

Stephenson, Gordon. "Le Corbusier," *Royal Architectural Institute of Canada Journal*, XXXIII (June, 1956), 199–203. この論文はトロントのビィトルビィウス協会で発表された。ル・コルビュジエの経歴と性格に関する総合評価がなされている。

Boyd, Robin. "The Search for Pleasingness," *Progressive Architecture*, XXXVIII (April, 1957), 193–205. ル・コルビュジエのモデュロールが, ルネッサンズの空間分割のシステムと関連して語られている。

Mumford, Lewis, "The Sky Line: The Marseilles 'Folly,'" *The New Yorker*, XXXIII (October 5, 1957), 76ff.

Œuvre complète 1952–47, Zurich: Girsberger, 1958,『ル・コルビュジエ全集 6 1952—57』吉阪隆正訳, A. D. A. EDITA Toky, 1979年。 George Wittenborn, New York, 1964. によって再版されている。この期間中にル・コルビュジエが完成させた作品の解説。

L'Urbanisme des trois établissements humains. Paris: Éditions de Minuit, 1959. ル・コルビュジエによる地域定住パターンの推奨。*Les trois établissements humaing (1944)*,『三つの人間機構』山口知之訳, 鹿島出版会, 1978年の中ですでに紹介された資料を含む。

Blake, Peter. *The Master Builders*. New York: Alfred Knopf, 1960. ル・コルビュジエ, ミース・ファン・デル・ローエ, フランク・ロイド・ライトの生涯と作品解説。ル・コルビュジエを扱った部分は, *Le Corbusier, Architecture and Form. Baltimore*: Penguin Books, 1963により, ペーパーバックとして再版されている。

Creation is a Patient Search. New York: Frederick A. Praeger, 1960; 再版1966。ル・コルビュジエによる注釈のついた絵画, 建築, 都市デザインに関する作品選集。

Le Corbusier 1910–60. New York: George Wittenborn, 1960. 1910—1960年のル・コルビュジエの全仕事を網羅したもので,『ル・コルビュジエ全集』シリーズからの資料を含む。

"5 Questions à Le Corbusier," *Zodiac*, VII (1960), 50–55. ル・コルビュジエが彼の建築と都市概念に関する総合的思想体系を質問に答える形で述べている。

"Parlons de Paris," *Zodiac*, VII (1960), 30–37, パリの提案の焼き直しで, "Paris Parallèle." に対する現代的提案に対する異議を申し立てている。

Columbia University, *Four Great Makers of Modern Architecture*. New York: George Wittenborn, 1963. ル・コルビュジエ, ミース・ファン・デル・ローエ, ワルター・グロピウス, フランク・ロイド・ライトに関するシンポジウムの記録。ル・コルビュジエのその会合での挨拶の辞とともに, ジョブフ・ルイス・セルト, ジェームズ・スウィニー, ハリー・アンソニー, ルドルフ・ウィットカウワー, アーネスト・N・ロジャースらによるル・コルビュジエに関する論文を含む。

Metken, G. "Planer von Utopien," *Kunstwerk*, XVII (November, 1963), 13–18. ルドゥーの幻視的都市デザインとル・コルビュジエの都市デザインとの比較。

Ragghianti, C. L. "Le Corbusier à Firenze" (with English and French translations), *Zodiac*,

XII (1963), 4–17, 219–237. ル・コルビュジエの貢献に関する解釈研究。

Œuvre complète 1957–65. Zurich: Girsberger, 1965;『ル・コルビュジエ全集 7 1957—65』吉阪隆正訳, A. D. A. EDITA Toky, 1979年。 George Wittenborn, New York, 1965. によって再版されている。この期間中にル・コルビュジエが完成させた作品の解説。

Serenyi, Peter. "Le Corbusier's Changing Attitude Toward Form," *Journal of the Society of Architectural Historians*, XXIV (March, 1965), 15–23. 1930年代のル・コルビュジエの展開に関する分析。

Anthony, H. A. "Le Corbusier: His Ideas for Cities," *American Institute of Planners Journal*, XXXII (September, 1966), 279–288. ル・コルビュジエの都市デザインの概要とそれについての簡単な批評。

Evenson, Norma. *Chandigarh*. Berkeley: University of California Press, 1966. メイヤーとル・コルビュジエの計画に関する考察を含むシャンディガール計画の総合的研究。シャンディガールの文献紹介。

Le Corbusier 1910–65, New York: Frederick A. Praeger, 1967. 1910—65年の間にル・コルビュジエが完成させた作品を収録した『ル・コルビュジエ全集』からの再版資料。

Jacobs, A. B. "Observations on Chandigarh," *American Institute of Planners Journal*, XXXIII (January, 1967), 18–26. シャンディガール都市の全般的印象の記録。

Hicks, D. T. "Corb at Pessac," *Architectural Review*, CXLII (September, 1967), 230. ル・コルビュジエの1925年の住宅計画の現状を示す写真集。

Serenyi, Peter. "Le Corbusier, Fourier and the Monastery at Ema," *Art Bulletin*, XLIX (December, 1967), 277–286. フーリエのユートピア社会と修道院の理想社会に対するル・コルビュジエの思考を関連づけながら彼のコミュニティ概念の分析を試みたもの。

図版出典リスト

Norma Evenson: 87, 88, 96, 97, 102
Norma Evenson, *Chandigarh* (Berkeley, University of California Press): 82, 84
Allan B. Jacobs: 86
Journal RAIC-L'IRAC: 75, 76
Richard Langendorf: 81
Le Corbusier, *The City of To-morrow:* 2, 3, 16, 17, 19; *Concerning Town Planning:* 4, 22; *Creation is a Patient Search:* 1, 32, 34, 39, 69, 72; *Manière de Penser sur l'urbanisme:* 55, 56; *Œuvre complète 1910–29:* 5, 6, 7, 8, 9, 10, 11, 12, 13, 14, 15, 18, 21; *Œuvre complète 1929–34:* 37, 45, 46; *Œuvre complète 1934–38:* 30, 31, 38, 40, 51, 52; *Œuvre complète 1938–46:* 25, 50, 53, 57, 59, 60, 61, 62, 64, 65, 68; *Œuvre complète 1946–52:* 58, 63, 66, 67, 70, 73, 74, 77, 83, 88, 89, 90, 91, 92, 93, 98, 99; *Œuvre complète 1952–57:* 85; *Œuvre complète 1957–65:* 23, 78, 79, 94; *Œuvre complète 1910–60:* 54; *Œuvre complète 1910–65:* 35, 80, 100; *The Radiant City:* 20, 24, 26, 27, 28, 29, 33, 36, 41, 42, 43, 44, 47, 48, 49
Rondal Partridge: 95
J. M. Richards, *An Introduction to Modern Architecture* (Baltimore, Penguin Books): 71
Willy Staubli, *Brasilia* (New York, Universe Books): 101

数字は図版番号を示す。

訳者あとがき
ル・コルビュジェの機械の周縁をめぐって

　機械がロマンティシズムのもとで語られる時代が到来しつつある。未来へのシナリオは，まだ安易に書かれるべきではないが，機械が再び未来への希望を照らしながら，その脈動を開始しようとしている。ドローイングの世界で係留していた規律，関係，統一という性格をもつル・コルビュジエのギリシア的機械美のイメージから，より遙かな自由度を獲得しようと目論むロマンチシズムの世界へ道が開かれつつあるのだ。本書でも取り上げられているように，R.バンハムは，その著書『第一機械時代の理論とデザイン』の中で，〈第一機械時代〉，すなわち，本管から動力をひき，機械を人間の尺度に合わせて変換させるという時代を通過し，〈第二機械時代〉，すなわち，家庭電化と合成化学の時代に突入しているものの，己の〈機械時代〉にふさわしい理論を見いだせないでいることを吐露している。このR.バンハムの1960年の告白から，時代は1980年代へ移行するなかで，機械はハード・マシーンからソフト・マシーンへとどのように変貌を遂げようとしているのであろうか。

　とりわけ1980年代に入ってから，機械美を再評価しようという動向が著しい。そこには，最近の高度技術，すなわち，ハイテックを最大限に利用し，超LSIを内臓するコンピューターの力を借りながら，これまで冷たいと考えられていた機械を超えて，人間の側へ限りなく接近しようという態度がみられる。本書原注の中で扱われている1920年代のR.B.フラーの〈ダイマキシオン・ハウス〉，1950年代のJ.プルーヴェ，あるいはK.ワックスマンらによるプレファブ式建築の先駆から，1980年代初頭を色彩りつつあるN.フォスターの香港上海銀行およびルノー・サービスセンター，R.ロジャースのINMOS半導体工場，英国保険ロイド社の保険組合ビル，そしてブリコラージュ（手仕事）という，より人間的な世界で部品（パーノ）という部分が全体性を獲得するように企図されたR.ピアノのIBM展示場のためのドーム・ユニットへと転回しつつある情況の中で，ル・コルビュジエの疲れを知らぬ構想力，そして機械に託した詩情を読み直す作業は，これからの時代の機械との応答を考えるうえに満ちた視座を与え続けることになろう。

　さて，本書は Norma Evenson, "Le Corbusier: The Machine and The Grand Design" (George Braziller, New York, 1969)の全訳である。原著のタイトル

を文字どおり訳すと『ル・コルビュジエ：都市デザインと機械』になるが，著者はル・コルビュジエの実現されなかった案の構想力にこそ照射し，かつまた機械のイメージの表出を捉えようとする意図が読みとれるので，語を補って『ル・コルビュジエの構想：都市デザインと機械の表徴』とさせていただいた。なお，本文中にみられるル・コルビュジエの著作からの引用文の訳出にあたっては，邦訳が出版されているものについてはすべて参照したつもりであるが，訳文の全体の調子に合わせるためと日本語訳が時代にそぐわないで古くなっているものもあって，一部を除いて訳者の手が何らか施されていることを明記しておきたい。また，補遺：ル・コルビュジエに関する批評(クリティック)は，原書では原注の後にささやかに挿入されていたが，ル・コルビュジエ学に貴重な資料を提供するものと訳者が判断し，本文の最終章に組み込んでいることをご承知願いたい。

著者ノーマ・エヴァンソンは，現在カリフォルニア大学バークレイ校で建築史の教授職にあり，近代都市計画に関する研究が専門分野である。彼女はヨーロッパ，アジア，アフリカ，ラテンアメリカを精力的に旅行し，多くの国々で講演しているが，その著書"Chandigarh" (Berkeley, 1966)は，インドのパンジャブ州都計画を総合的に捉え，ニュータウン研究の先駆となったものである。その後，"Two Brazilian Capitals: Architecture and Urbanism in Rio de Janeiro and Brasilia" (Yale University Press, 1973)を出版し，ブラジル首都の過去と現在を比較対比的に論じている。また，1971年に着手され，途中フランスでの2年間の滞在を挟みながら最近完成をみた力作"Paris: A Century of Change, 1878-1978" (Yale University Press, 1979)では，パリの過去一世紀の諸計画を街路パターン，交通システム，建築デザインおよび美的コントロール，公共住宅，郊外住宅，保存と再開発等の項目に渡って，年代ごとに追跡し分析を試みている。

そして，ここに訳出した『ル・コルビュジエの構想』は，数多くのル・コルビュジエに関する著作が建築を中心に論展されている中で，都市デザインとその機械について真向から論じた稀有の書であり，現在では，基本的文献としての地位を確保している。さらに本書は，今では知悉されている彼の都市イメージをおのおの俎上に載せながら，新たな評価を試みようとしている。本文にも述べられているように，計画が実現される道程を追跡するのではなく，その構想を正当に評価しようという態度がある。そしてル・コルビュジエの生涯を挫折のそれと哀惜を込めて描写しながらも，彼が冷静な自覚をもってその都市デザインの社会的・経済的側面を捨象したことが語られる。むしろ，合理的環境を求める彼の要求が激しすぎたため，それらの側面に目をつむらざるをえなかったというように肯定的な評価を下している。「ル・コルビュジエは，都市そのも

のを描こうとしたのではなく，都市の理想を描写した。……そして現実とイメージの間のギャップは埋め合わされることなく残ったのである」ことをル・コルビュジエは承知のうえであったろうと著者は仮定して述べるのである。そして，最終章の〈ル・コルビュジエに関する批評〉の中で，彼に対する批判が，物理的デザインのもつ単純化が惹起した結果だけに向けられ，彼がそこへ至ったプロセス，そして，企図したものを見過ごしていることを指摘している。しかし，これは何という皮肉であろうか。批評する者が批評を受けているのである。このようにル・コルビュジエの構想を正当に評価しようとしながらも，著者は彼の計画案がもつ欠点も逐一指摘するという作業も怠っていない。熟読願いたい。

ところで，本書のサブタイトルとなっている機械(マシーン)に対しては，ル・コルビュジエの住居機械(ハウス・マシーン)，すなわち〈定型(タイプ)としての住宅〉の描写，およびイタリア未来派の機械のイメージへの陳述があるものの，それ以上の言及がなされていない。そこで若干の補遺を試みたい。

R. バンハムが前掲書の中で指摘しているように，ル・コルビュジエがその著「建築をめざして」の中で述べた機械に対する措定は以下のように要約できる。「建築は現在，無秩序の状態にあるが，古典的幾何学というその本質法則は残っている。機械化はこれらの法則を脅かすのではなく，強化するのであり，建築がこれらの古典的法則を回復し，機械とともに歩むとき，それは社会のさまざまな誤りを矯正することができるであろう」。これは1920年代の時代のムードに即応したル・コルビュジエの素直な捉え方とみてよいであろう。機械に対する絶大な信頼がそこにはある。

また，中井正一は『美学的空間』所収の〈機械美の構造〉の中で，機械のもつ動的，生命的，ロマン的美感を賛美するロマン派的機械美と，規則，関係，統一という言葉で括られるギリシア的機械美を並置しながら，ル・コルビュジエの目指すものが後者であったことを指摘している。中井は次のように看破する。「アリストテレスに於て，横倣とは人間の情緒（Parthē），性格（Ethē），行為（Praxis）のミメジスであった意味に於て，ル・コルビュジエの目指すものは規律と関係と統一を根底とするところの，機械のパトス，機械のカラクテール，機械のプラクシスに外ならない」。

さて，ここで機械の概念について遡及してみよう。坂本賢三は，その著『機械の現象学』の中で，人間と機械のもつ外骨格を比較し，機械や道具のもつ手段の「かたさ」は骨格のかたさ，外骨格のかたさであると認めながら外骨格を3つの位相で捉えている。「第一は，手の働きの延長としての道具，身体の働きの外化としての機械である。道具，器としての機械。第二は，人間そのものを材

料とする機械であって，個体としての人間を結合し組織立てたシステム，いうなれば法・行政・統治・管理にかかわる社会構造である。つまり，機械のすべての特質を持つ社会的機械(social machine)。第三は，道具としての言語を出発点とし，記号を材料とする機械であって，第一の意味での機械をモデルとする自然・社会についての意識世界を対象化したものである。学問の体系，知識の構造など」。この分類でいけば，ル・コルビュジエの機械は，さしずめ，第三の位相の範疇に入る性格をもつものであろう。

さらには，人間を〈欲求する機械〉，文学作品を小説としてよりもむしろ機械として措定するジル・ドゥルーズによる「プルーストとシーニュ」(宇波彰訳)のような見方も成立する。彼は，芸術作品の存在理由を，意味から機能へと転換させようとし，「このように理解された芸術作品は，本質的に生産的であり，それも真実を生産する……」が故に，機械と考えるのである。このような見地に立てば，ル・コルビュジエの〈300万人のための現代都市〉，〈ヴォアザン計画〉，〈輝く都市〉といった機能都市が機械のイメージのもとに語られるのは必然のことだったのかもしれない。

一方，有用性，生産性といった合理主義とかたく結びついている人間中心の近代ヒューマニズムが，産業革命以降に発生した観念にすぎないと考えれば，機械をまったく逆の位相でとられることも可能である。東野芳明は，マルセル・デュシャンの作品〈大ガラス（彼女の独身者たちによって裸にされた花嫁，さえも）〉，フランシス・ピカビアの作品〈母なしで生まれた娘〉を分析し，彼らの機械に対するイメージが，「機械を，製品を生産し生活を豊かにするものとみなさずに，もっぱら母なくして生まれた娘という，生産や生殖を否定した不毛と死と性の暗冥な象徴……」と認識することに向けられていることを指摘している。そして，これは，そのまま現代の生産主義機構の中で消費される莫大なエネルギーのもつ不毛さに向けられてもよい。機械の持つ二律背反が，ここでも確認できる。

このように，機械はさまざまな位相の中でこれからも語り続けられるであろうが，迫りくる世紀末がこれまでにないほどテクノロジーの社会への侵透を予感させている中で，人間がいかにその高度技術(ハイテック)と接続できるのかを考えるうえで，ル・コルビュジエの機械はそのテクストとしての役割を果たし続けるであろう。そして具体的な作業は個々人の非常にパーソナルなところから出発されようし，望むかたちは徐々にその様態を表しつつあるといえよう。

さて，本訳書の出版にこぎつけるまで多くの方々のお世話になった。特に，本書を訳す契機をもたらされ，訳出にあたって適切な助言を惜しまれなかった日本設計事務所の六鹿正治氏に心からお礼申し上げる。また，ル・コルビュジエ

に関する膨大な資料をお貸しくださり，そのご温情をもって指導していただいている大須賀常良武蔵工業大学助教授に感謝の意を表したい。福島伸子氏には，英文のもつ語り口について，全体にわたって多くのご教示をいただいた。著者N.エヴァンソンに関する資料は，倉田直道・洋子ご夫妻にお借りした。ル・コルビュジエの機械の概念については，友人である彦坂裕氏の諸論文から，機械論についてはSD誌DUCTSPACEグループから刺激を受けること大であった。都市概念については谷垣弘行氏の助言が有益であり，また，原書になかった索引の作成を手伝ってくれた堀場弘君には大変お世話になった。この場を借りて改めてお礼申し上げたい。

最後に，日頃の設計業務に忙殺されがちな訳者に辛抱強くつきあってくださった井上書院編集部の関谷勉氏に心より謝意を表します。

1984年1月　　酒井孝博

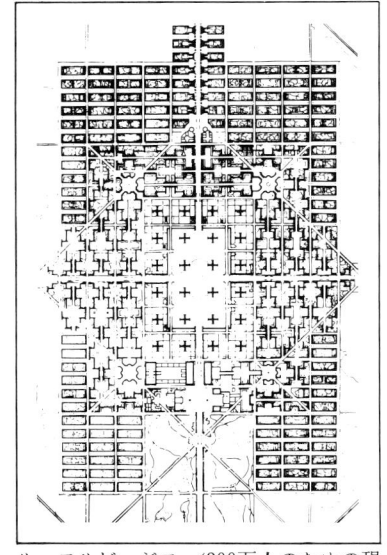

ル・コルビュジエ，〈300万人のための現代都市〉，1922年

マイクロコンピューター，シリコン・チップ

R. ロジャース，INMOS半導体工場，1982年

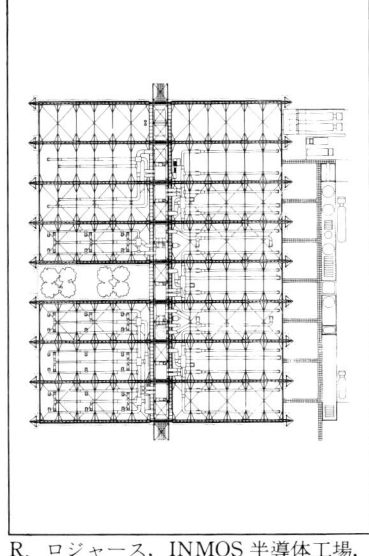

索引

ア——オ
アクロポリス　11
A.S.C.O.R.A.L　47
アテネ憲章　47,48
アドスペッド，S.D　117
アルジェ　51
アルジェの財政計画　53
アルジェリア　50,89
アントワープ　48
イスタンブール　11
イタリア未来派　10
イタリア・ルネサンス　51
イ・マータ，ソリア　54
イムーヴル・ヴィラ　16,56
インターナショナル・スタイル　10
ヴァンセンヌ　20
ヴァン・デ・ヴェルデ，ヘンリー　9
ヴァンドーム広場　13
ヴィトルズィ　80
ヴェルサイユ　13
ウェルズ，H.G.　49,116
ヴォアザン計画　20,48,108
ヴォージュ広場　13
衛星都市　15,54
エヴァンソン，ノーマ　3
エドワーズ，タイタン　119
エトワール　82
エトワール広場　13,21
エマ　55
エクロール　48
「臆病な人々の国」　53
オースマン，ジョルジュ・ユージエヌ　8,14
オーダー　11

カ——コ
「輝く都市」　37,115,117,118
「輝く農村」　39,118
カスバ　53
ガットキン，エルヴィン　118
カルトウジオ会　55
ガルニエ，トニー　10
幾何学　13,14
居住スーパーブロック　14
近代建築運動　7
近代建築国際会議（C.I.A.M）　37,47,89
近代社会　10
「近代的人間」　9
近代都市　3
近隣住区　38
グッドマン，ポール　117
『組合本部』　49
グラス　80
クレマンソー広場　82
ゲネス，パトリック　9
現代都市　7
『建築をめざして』　108
「工業都市」　10
古代インド　14
古代ローマ　11
古典主義　13
古典様式　11,14
ゴーダ年鑑　52
コンコルド広場　21,82

サ——ソ
「細部の一様性」　16
サロン・ドートンヌ展　7,16
山岳都市　111
産業革命　8
サン・ゴダンの都市計画　55
サンテリア，アントニオ　10
サンテリア　55

サントゥジューヌ　50
サンパウロ　49
300万人のための現代都市　7,11,14,37,115,116
サン・ラザール駅　20
C.I.A.M　37,47,89
C.I.A.M グリッド　47
ジェコブス，ジェーン　115
シェルト川　48
ジッテ，カミロ　12,110
「シトロアン住居」　16
ジャンヌレ，ピエール　80,87,107
シャンゼリゼ通り　20
シャンディガール　80
シャン・ド・マルス練兵場　13,21
州会議事堂（キャピタル・コンプレックス）　85
十字形　14
「住宅は住むための機械である」　7
「自由保有メゾネット」　16,56
軸線　21
象形文字　14
「人工地盤」　51
『人民の家』　48-49
垂直庭園都市　55
スターリングラード1930年計画　54
スプロール化　8
「スーパースラム」　9
『生物学』　38,83
「前近代的人間」　9
線状工業都市　54
ゾーダーマールム　48
『ソビエト館』　49
ソビエト首都改造　37
ソビエト連邦　37

タ──ト
第三インターナショナル　117
知識の美術館　85
チュイルリー宮　21
デカルト　108
「田園都市」　15,115
田園都市運動　9
伝統主義者　8
「都市計画」　12

トスカナ地方　55
『土地の国有化』　49
ドリュー，ジェーン　80,85,87

ナ──ノ
「7Vの理論」　82
ナポレオン　21
ナポレオン3世　8,14
ナポレオン時代　13
ナント　56
ニューヨーク　51
ヌムール　48
ネール首相　80,81
ノルマールム　48

ハ──ホ
廃兵院　31,21
パーシバル　117
バチャ靴製造センター　48
パリ　54,108
パリ国際装飾芸術展　20
バルセロナ　48
バロック　13
ハワード，エベネザー　9,15
パンジャブ　88
パンジャブ州　80
『標準化』　7,20
〈開かれた手〉　85,86
ヒオーンズ，フレデリック　116
「ファランクス」　55
ファランステール共同体　55
フーリエ，チャールズ　55
フェス　48
ブエノス・アイレス　49,54
ブエノス・アイレスの計画　53
フォール・ランプール　51
フサン・ディ　50
「不毛な混成物」　108
フライ，マックスウェル　80,87
「プラグ・イン」建築　56
ブラジリア　109
ブリエ・アン・フォレ　56
ブリュセル大会　37

146

「古い家」　17
ブルジョワ的商業主義　117
ベザール，ノルベール　39
ベルガモ市　47
ベルリン　56,89
ペレ，ルヴァロア　20
ボゴタ　56,82
ポップ・アート的環境　110
ホルフォード，ウィリアム　118

マ——モ

マドレーヌ　82
マリヌ地区　53
マルセイユ　55
マンフォード，ルイス　19,107,108
縁の工場　53
南マルセイユ　82
『未来都市』　108
未来派　17,18
ミラノ新駅舎　10
ミリューティン，N.A.　54
ムーア人様式　51
『無秩序』　20
メイカー　80
モデュロール　82
モーの都市計画　55
モンテヴィデオ　49

ヤ——ヨ

「ユニテ・ダビタシオン」　55
「ユルバニスム」　47
「四つの交通路」　53

ラ——ロ

ラム=バローザ　86
ラプラタ川　49
ラホール　80
ラ・ロシェル=パリスの都市計画　55
リオ・デ・ジャネイロ　49,50,54
ルイ13世　13
ルイ14世　13,21
ルイ15世　13,21
ルイ16世　51
ルイス=セルト，ジョゼフ　56
ルーヴル宮　80
ルーヴル通り　20
ルナチャルスキー　49
ルネサンス　13
レスター=ヴィーナー，ポール　56
レピュブリック広場　20
「廊下状街路」　17
ロージェ，アベ　16
ロレーヌ地方　48
ロンドン　54

［訳者略歴］

酒井孝博（さかいたかひろ）
- 1953年　熊本県に生れる
- 1976年　武蔵工業大学（現東京都市大学）工学部建築学科卒業
- ～78年　同大学建築学科研究助手
- 1980年　東京大学大学院工学系研究科都市計画専攻修士課程修了
- 現　在　（株）日本設計／日本建築家協会・登録建築家

著　書　『キーワード50・建築デザインの最前線をめぐる用語』（監修，建知出版）
　　　　『現代建築集成／図書館』（共著，メイセイ出版）ほか

作品他　『古河市庁舎』（BCS賞），『守谷市庁舎』，『アサヒビール・ウエルカムホール』，
　　　　『千葉市中央図書館　公開設計競技・最優秀賞』，『若洲本社・物流センター』，
　　　　『サレジオ学院中学校・高等学校』（国際照明デザイン賞・北米照明学会），
　　　　『茨城県市町村会館』（グッドデザイン賞），『跡見学園女子大学・新学部棟』ほか

- 本書の複製権・翻訳権・上映権・譲渡権・公衆送信権（送信可能化権を含む）は株式会社井上書院が保有します。
- JCOPY〈㈳出版者著作権管理機構委託出版物〉
本書の無断複写は著作権法上での例外を除き禁じられています。複写される場合は，そのつど事前に㈳出版者著作権管理機構（電話 03-3513-6969，FAX 03-3513-6979，e-mail：info@jcopy.or.jp）の許諾を得てください。

ル・コルビュジエの構想〈新装版〉
都市デザインと機械の表徴

2011年8月10日　第1版第1刷発行

著　者	ノーマ・エヴァンソン
訳　者	酒井孝博
発行者	関谷　勉
発行所	株式会社井上書院

東京都文京区湯島 2-17-15　斎藤ビル
電話 （03）5689-5481　FAX （03）5689-5483
http://www.inoueshoin.co.jp/
振替 00110-2-100535

装　幀	高橋揚一
印刷所	株式会社ディグ
製本所	誠製本株式会社

ISBN 978-4-7530-1166-7　C3052　　Printed in Japan